JN032930

家電製品協会 認定資格シリーズ

SMART MASTER

スマートマスター資格 問題＆解説集

2023年版

一般財団法人
家電製品協会 編

NHK出版

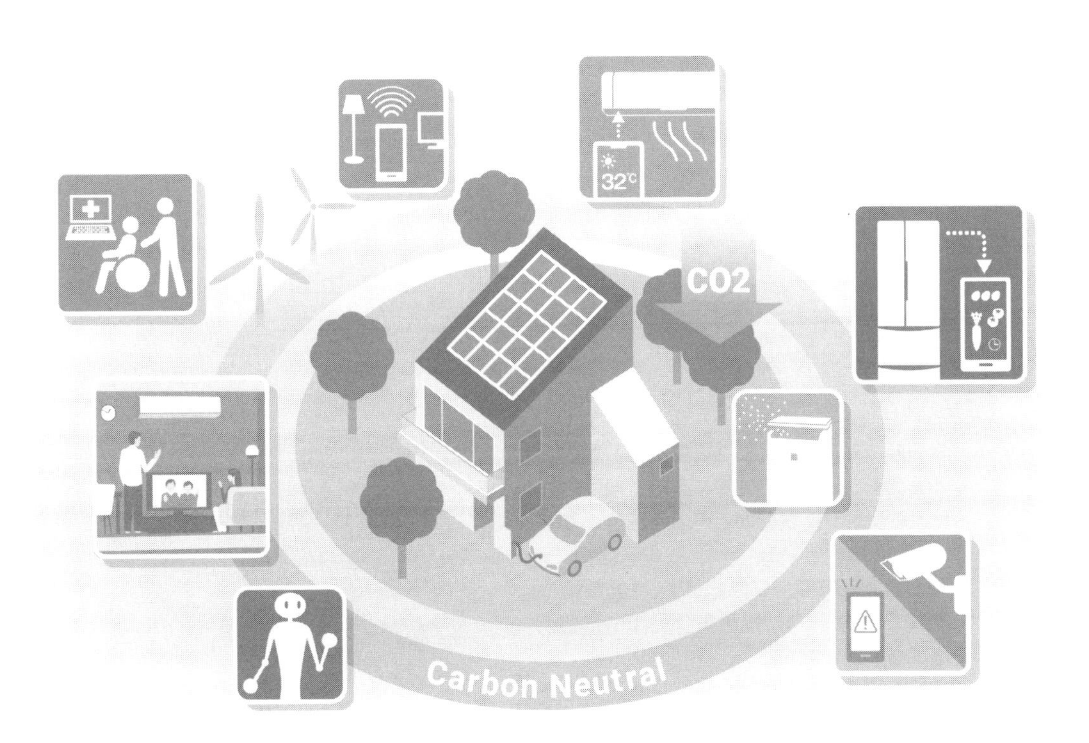

[目次]

言葉の表記について

1．本問題では、一般的に「電力会社」と表記する言葉を出題内容の性質により、以下の①～③に使い分けて表記するのでご注意ください。
①電力会社を機能別に区分して、「発電事業者」、「（一般）送配電事業者」、「小売電気事業者」と表記する。
②上記の各機能を「電力会社（一般送配電事業者）」のように（　）にて併記する。
③機能を問わない場合は、「電力会社」もしくは「電気事業者」と表記する。

頻出語句などについて

1.「DR」は、ディマンドリスポンスの略です。
2.「VPP」は、バーチャルパワープラントの略です。
3.「FIT」は、固定価格買取制度の略です。

本書に掲載した問題と解説の見方

【掲載問題】
［スマートハウスの基礎］［スマートハウスを支える機器･技術の基礎］の問題‘全60問’は、2023年3月に実施された試験問題（一部、内容を修正）を掲載しました。

【解説の見方】
各問題の解説は、
・重要部分をアンダーラインで表示
・穴埋め問題の正解と説明は、［　　］またはアンダーラインで表示

スマートハウスの基礎
問題

問題集 1
問題集 2

次の説明文は、スマートハウスに関連する政策、社会環境、技術などについて述べたものである。
（ア）～（オ）に当てはまる最も適切な語句を解答欄の語群①～⑩から選択しなさい。

- RE100とは、企業の（ア）100%を推進する国際ビジネスイニシアティブである。企業による（ア）100%宣言を可視化するとともに、（ア）の普及・促進を求めるもので、世界の数々の影響力のある大企業が参加している。
- Society5.0とは、サイバー空間とフィジカル空間を高度に融合させたシステムにより、経済発展と社会的課題の解決を両立する、（イ）の社会を目指したわが国の政策ビジョンである。
- 日本政府は2021年11月に、地方からデジタルの実装を進め、地方と都市の差を縮めつつ、都市の活力と地方のゆとりの両方を享受できる（ウ）を表明し、検討と推進をスタートしている。
- 気候変動問題や人権問題などの世界的な社会課題が顕在化している中、ESGの3つの観点に配慮している企業を重視・選別して行うESG投資という考え方が注目されている。このESGは環境（Environment）、（エ）、ガバナンス（Governance）の頭文字を取っている。
- AI（Artificial Intelligence）における機械学習の手法の一つに、（オ）がある。この（オ）により、コンピューターがパターンやルールを発見するうえで何に着目するかを自ら抽出することが可能となり、それらをあらかじめ設定していない場合でも、識別などが可能になったとされている。

【語群】

① 再生可能エネルギー	② 人間中心
③ 製品リサイクル	④ 社会（Social）
⑤ 持続可能性（Sustainability）	⑥ 地方創生SDGs
⑦ NFT（非代替性トークン）	⑧ ディープラーニング（深層学習）
⑨ 情報技術重視	⑩ デジタル田園都市国家構想

①～④の説明文は、日本のエネルギー政策および関連する事項について述べたものである。
説明の内容が誤っているものを1つ選択しなさい。

① 電力システム改革の主たる目的は、「電力の安定供給の確保」、「電気料金の最大限の抑制」、「電気利用の選択肢や企業の事業機会の拡大」の3つである。

② 現行FITとは違い、長期の買取単価を固定せず、卸売電力市場のスポット価格に補助額（プレミアム）を上乗せして決める仕組みをFIPという。

③ 地域マイクログリッドは、既存の系統線を一切利用せずに、地域内に新たに構築した専用電力線のみを利用することによる分散型エネルギーシステムの典型的な一つのモデルである。

④ 改正電気事業法（2020年6月公布）では、災害復旧や事前の備えのために、経済産業大臣からの要請に基づき、一般送配電事業者が自治体等に、戸別の通電状況等の電力データの提供を行うことも義務づけられた。

（ア）～（オ）の説明文は、日本のエネルギー政策の現状と今後および関連する事項について述べたものである。
組み合わせ①～④のうち、説明の内容が誤っているものの組み合わせを1つ選択しなさい。

（ア）2030年度におけるエネルギー需給見通しでは、2050年カーボンニュートラル実現を踏まえ、電源構成における再生可能エネルギー比率は22%～24%程度に目標設定されている。

（イ）日本のエネルギー自給率は2010年度時点では約20%だったが、東日本大震災後、約6%まで低下している。なお、原子力発電の再稼働や再生可能エネルギーの導入などにより、2019年度には約12%まで回復している。

（ウ）日本のエネルギー政策の原則であるR+3Eとは、レジリエンス（Resilience）を大前提としたうえで、エネルギーの安定供給（Energy Security）、経済効率性の向上（Economic Efficiency）による低コストでのエネルギー供給、温室効果ガス削減目標を掲げた環境適合（Environment）を同時に実現するために、最大限の取り組みを行うことである。

（エ）2021年に新たに策定された第6次エネルギー基本計画では、2030年温室効果ガス46%削減に向けたエネルギー政策の具体的な政策と、2050年カーボンニュートラル実現に向けたエネルギー政策の大きな方向性が示されている。

（オ）地熱発電は、地下に蓄えられた地熱エネルギーを蒸気や熱水などで取り出し、タービンを回して電気を起こす仕組みであり、出力が安定し、昼夜を問わず24時間稼働できることがメリットである。デメリットとして開発期間が10年程度と長く、開発費用が高額であることが挙げられる。

【組み合わせ】
① （ア）と（オ）
② （イ）と（ウ）
③ （ウ）と（ア）
④ （エ）と（イ）

(ア)～(オ）の説明文は、家自体の省エネルギーおよび関連する事項について述べたものである。
説明の内容が正しいものは①を、誤っているものは②を選択しなさい。

(ア) 建築物省エネ法の規制措置の対象は、「適合義務制度」、「届出義務制度」、「説明義務制度」、「住宅トップランナー制度」の4つである。

(イ) 外皮性能を評価する基準値は地域ごとに定められており、気象庁が設けた全国156カ所の地上気象観測地点ごとに、1地域から9地域の省エネ基準地域区分が指定されている。

(ウ) 外皮とは、建物の外気に接する屋根、天井、壁、開口部、床、土間床、基礎などの熱的境界となる部分をいう。
下図の場合であれば、外気に通じている小屋裏の屋根（下図の屋根B、屋根C）は外皮にあたらない。

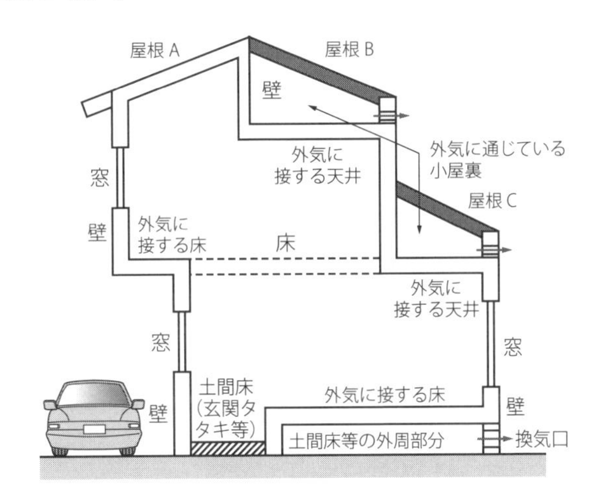

(エ) BELSとは「建築物省エネルギー性能表示制度」のことであり、国土交通省のガイドラインに基づき、一般社団法人住宅性能評価・表示協会が運営する第三者認証制度の一つである。新築・既存のすべての住宅・建築物を対象として、省エネ性能等に関する評価や認定、表示を行うものである。

(オ)「冷房期の平均日射熱取得率」は、窓から直接侵入する日射による熱と窓以外からの屋根・天井・外壁等からの熱伝導により侵入する熱を評価した、冷房期の指標である。「冷房期の平均日射熱取得率」の値が大きいほど日射が入りにくく、遮蔽性能が高いことを表している。

(ア)～(オ)の説明文は、家自体の省エネルギーおよび関連する事項について述べたものである。
説明の内容が正しいものは①を、誤っているものは②を選択しなさい。

(ア)　防湿層は、室外の水蒸気が壁体内に侵入するのを防ぐ層で、内部結露を防止することが目的である。繊維系断熱材（グラスウール、ロックウール等）や発泡プラスチック系断熱材（吹付け硬質ウレタンフォームA種3等）の透湿抵抗の大きい断熱材を施工する場合は、室外の水蒸気が壁体内への侵入を防止するために防湿層を必ず設けなければならない。

(イ)　「日射取得型」のLow-E複層ガラスは、下図のようにLow-E金属膜が複層ガラスの中空層の室内側のガラス表面にコーティングされており、ガラスの日射熱取得率が0.5以上のものを指す。この構造は、日射熱を室内に取り込みながら室内の熱の流出を抑止し、冬期の暖房効果を高めている。

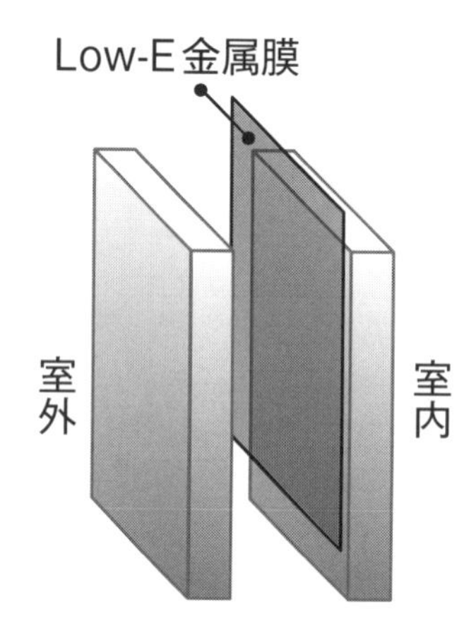

(ウ)　開口部とは、窓と出入口の総称のことである。省エネルギー住宅の考え方では、開口部は断熱材と同じく外皮の一部であり、高断熱化することが欠かせない。

(エ)　コールドドラフトは、エアコンで冷やされた空気が、下降気流となり下方に流れる現象のことをいう。対流が起きないため室内温度にムラができ、冷房負荷を増加させる原因となる。一般的にコールドドラフト現象は、サーキュレーターや扇風機を併用することで改善できる。

(オ)　優良断熱材認証マーク（EIマーク）の表示内容は、熱抵抗値R、厚さ、熱伝導率λ、認証登録番号と認証登録会社名である。認証マークは、カタログ、ホームページ、製品梱包等に表示することができる。

(ア)～(オ)の説明文は、ZEHの定義および関連する事項について述べたものである。
説明の内容が正しいものは①を、誤っているものは②を選択しなさい。

(ア) 70m^{2}の敷地に平屋の省エネ住宅を建築した。『ZEH』(狭義のZEH)の強化外皮基準を満たし、太陽光発電システムや省エネ設備を導入した。再生可能エネルギーを含まない省エネルギー率(基準一次エネルギー消費量からの一次エネルギー消費量の削減率)は20%を達成したが、再生可能エネルギーを含めた省エネルギー率は、太陽電池の設置面積が広くとれなかったため、80%にとどまった。この場合、この住宅が認定される可能性があるのはNearly ZEHである。

(イ) 新築集合住宅において、当初、ZEH-M Readyの認定条件を満たす仕様であったが、新たに『ZEH-M』(狭義のZEH-M)の認定を目指すことになった。これを実現するためには、太陽光発電システムの発電量を増加するなどして、現仕様の再生可能エネルギーを含んだ省エネルギー率をさらに20%削減すればよい。

(ウ) 新築戸建住宅においてTPOモデル(居住者以外の第三者が太陽光発電システムの設置に係わる初期費用を負担して設備を保有するモデル)を利用して太陽光発電システムを導入する場合、ZEHに認定されるためには、エネルギーに係る設備は住宅の敷地内に設置されている必要がある。

(エ) 国土交通省と消費者庁は、「住宅の品質確保の促進等に関する法律に基づく住宅性能表示制度」について、住宅性能表示基準を一部改正し、断熱等性能等級は、ZEHレベルである「等級5」、ZEHを上回る「等級6」と「等級7」を新設した。

(オ) 国土交通省と消費者庁は「住宅の品質確保の促進等に関する法律に基づく住宅性能表示制度」について、住宅性能表示基準を一部改正し、一次エネルギー消費量等級の「等級6」を新設し、建築物省エネ法の誘導基準の一次エネルギー消費性能をZEH水準に引き上げた。

次の説明文は、スマート化リフォームの進め方について述べたものである。
（ア）～（オ）に当てはまる**最も適切な語句**を解答欄の語群①～⑩から選択しなさい。

- 窓の断熱リフォームを（ア）による窓交換で行う場合、窓まわりの外壁補修を行う必要がなく、二階窓であっても室内施工のみのため足場が不要であり、サッシ職人だけで工事が可能である。
- 基礎断熱を行う場合は、床下は室内空間と同等の温熱環境とみなすため、基礎の床下換気口は（イ）。そこで地盤からの湿気対策のため、地盤に防湿フィルムを敷設し、防湿コンクリートを打つなどの施工が求められる。
- 屋根断熱では、屋根下地、断熱材、躯体に屋根材などを通じて湿気が侵入するのを防止するために、必ず屋根通気層を設置しなければならない。屋根通気層は、断熱材を施工したあと、（ウ）をかけて通気層を設ける。
- アイランド型とは、（エ）キッチンに用いられ、キッチンを四方の壁から離して島のように設置するレイアウトである。アイランド型にはアイランドⅠ列型、アイランドⅡ列型がある。
- 壁の断熱リフォームにあたり、木造軸組構造の充填断熱工法では、断熱性の低下を防ぐために外壁・（オ）と天井・床の取合い部に気流止めの施工を行う。

【語群】

① 設置しない	② はつり工法
③ オープン	④ 屋根下地
⑤ 独立型	⑥ カバー工法
⑦ 設置する必要がある	⑧ 通気垂木
⑨ 通気胴縁	⑩ 間仕切り壁

(ア)～(オ)の説明文は、水回りのリフォームについて述べたものである。組み合わせ①～④のうち、説明の内容が誤っているものの組み合わせを１つ選択しなさい。

（ア） 洗面所は水ぬれや湿気が発生し、シロアリの発生や腐朽等の原因となるため、洗面所の壁と床には、耐水性のある下地材と防水上有効な仕上げ材を使用しなければならない。下地は耐水合板とし、壁には防水効果のある珪藻土クロス、床材には耐水フローリングや耐水性のあるセラミック製のクッションフロアなどを施工するのが基本である。

（イ） システムバスは、断熱材を壁・床・天井に挿入し、箱状に一体成型して家の壁の中にはめ込む仕様であり、断熱性、気密性が良く熱が逃げにくいため、保温性に優れ、ヒートショック対策に有効である。

（ウ） トイレのリフォームでは排水芯（排水管位置）がずれていることがあり、そのような場合に排水管の移設を行うと工期が長くなってしまう。そこでリフォーム対応の便器やアジャスター、ジョイントなどを使用することにより工期を短縮し、また工事費を削減することが可能である。

（エ） 水回り設備のリフォーム時に、老朽化した給湯配管を取り替えることがある。配管方式には先分岐方式とヘッダー方式があるが、一般的に先分岐方式のほうが湯待ち時間が短く、湯が冷めにくいとされ、省エネ効果が認められている。

（オ） 建築物省エネ法の建築物エネルギー消費性能基準で定義される節湯水栓は、「サーモスタット湯水混合水栓」、「ミキシング湯水混合水栓」、「シングルレバー湯水混合水栓」のいずれかで、かつ「手元止水機構を有する水栓」、「小流量吐水機構を有する水栓」または「水優先吐水機構を有する水栓」の１つ以上を満たしており、使用者の操作範囲内に流量調節部および温度調節部があるものを指す。

【組み合わせ】

① （ア）と（オ）
② （イ）と（エ）
③ （ウ）と（オ）
④ （エ）と（ア）

（ア）～（オ）の説明文は、省エネルギー住宅・リフォームのための建築基礎知識、住宅関連法規について述べたものである。
説明の内容が正しいものは①を、誤っているものは②を選択しなさい。

（ア）ツーバイフォー工法は、建築基準法上では枠組壁工法という。これは、断面寸法が2インチ×4インチなどの規格材を使用して枠をつくり、そこに構造用合板を打ち付けパネル化したものを床、壁、天井に使用して箱状に組み立て、一体化する壁式の工法である。

（イ）「住宅の品質確保の促進等に関する法律（品確法）」における住宅性能表示制度で定められた耐震等級の等級1とは、建築基準法で定められる耐震性能を最低限満たす水準である。

（ウ）区分所有法において、分譲マンションにおける共用部分とは、専有部分以外の建物の部分で、分譲マンションの所有者全員が共用する部分である。ただし、区分所有法で定められている共用部分以外であっても、管理規約で共用部分とすることができる。

（エ）消防法において、住宅用防災警報器は、住宅のすべての居室と台所、およびこれらの部屋に通ずる階段の天井、または壁への設置が義務づけられている。

（オ）有機リン系のシロアリ駆除剤に使われるクロルピリホスを含んだ建材は、建築基準法により、居室に使うことは禁じられているが、シロアリ被害が想定される住宅の床下部分のみには使うことができる。

（ア）～（オ）の説明文は、HEMS および IoT に関連する事項について述べたものである。
組み合わせ①～④のうち、説明の内容が誤っているものの組み合わせを1つ選択しなさい。

（ア）エネルギーマネジメントにおいて、重要な役割を担う創エネルギー・蓄エネルギー・省エネルギー機器として、重点8機器という機器群がある。この重点8機器には照明器具、給湯器は含まれていない。

（イ）スマートハウスにおけるシステムを設計（構成）するにあたり、システムとしての安全性、信頼性を実現する考え方の一つに「フェールセーフ：fail safe」がある。これは、一般的には、機器やシステムは必ず故障または不具合が発生するという前提で考え、故障または不具合が発生しても、人やモノに危害を与えないように事前に配慮しておくことである。

（ウ）無線 LAN（Local Area Network）とは、通信距離が 100m 程度の通信方式で構築されるネットワークであり、主な無線方式に Wi-Fi がある。

（エ）ECHONET Lite 規格は、機器制御に関わる内容のみを規格の対象としており、多くのメーカーが容易に実装できることが特徴である。ただし、機器接続の際に重要となる通信アドレスは、ECHONET Lite 専用のアドレスを利用することが必要である。

（オ）エネルギー計測ユニットの据え付け・施工は、分電盤での配線工事を伴うことから第二種電気工事士の資格が必須である。

【組み合わせ】
① （ア）と（オ）
② （イ）と（エ）
③ （ウ）と（オ）
④ （エ）と（ア）

①～④の説明文は、住宅用太陽光発電システムおよびエネファーム（家庭用燃料電池コージェネレーションシステム）について述べたものである。説明の内容が誤っているものを１つ選択しなさい。

① 太陽光発電などの再生可能エネルギーの発電コストが、既存の系統電力コスト（電気料金、発電コストなど）と同等であるか、それより安価になることをスマートグリッドという。

② 太陽電池の発電電力は、電圧（V）と電流（A）の積であるが、この発電電力が常に最大になるように、最大電力点を追従する機能を MPPT 機能という。

③ エネファームのなかには、発電中であればたとえ停電したとしても、停電前の発電開始から最大で PEFC では８日間、SOFC ではメーカーにより異なるが、さらに長期間発電を継続し、一定量の電気と湯を使用できるものがある。ただし、貯湯ユニットのタンクに湯が満タンになると、発電を停止するため注意する必要がある。

④ エネファームは、本体、配管、配線経路などの設置スペース、点検などのために十分なメンテナンススペースが必要である。また、引火による火災の原因になることも想定されることから、一般的には屋外設置型の機器と考えてよい。設置する際は、ガス類容器や引火物の近く、および洗濯の物干し場など燃えやすいものがある場所を避け、工事説明書などで指定された防火上の離隔距離を確保する必要がある。

（ア）～（オ）の説明文は、住宅用リチウムイオン蓄電システムおよび関連する事項について述べたものである。
説明の内容が<u>正しいもの</u>は①を、<u>誤っているもの</u>は②を選択しなさい。

（ア） 蓄電システムでは、蓄電池に蓄えられた電力を実際に家庭で使用する際には、通常、直流から交流に変換して使用するため、変換ロスなどの損失により、実際に使用できる電力量は定格容量より少なくなる。VPPなどにおいては、この「実際に使用できる電力量」すなわち直流側の出力容量（実効容量）の把握が必要である。

（イ） 系統連系タイプの住宅用リチウムイオン蓄電システムは、自宅の分電盤にあらかじめ配線工事をしたうえで、電力系統に接続して使用することができる。これには、停電時に特定の電気機器を指定して電気を供給する特定負荷タイプに加え、すべての電気機器に接続して電気を供給する全負荷タイプもある。

（ウ） 蓄電システムは多くの電気をためられるように、蓄電池が複数集まってできている。蓄電池の最小単位は、円筒形、角形などの形をしており、「モジュール」と呼ばれる。この「モジュール」を複数組み合わせて「セル」と呼ばれるかたまりを構成している。

（エ） 蓄電システムには、通常のコンセントにつないで使用する系統連系機能のないタイプと、配線工事をして据え付けで使用する系統連系機能のあるタイプの２種類がある。電力会社への届出が必要なのは、系統連系機能のあるタイプだけである。

（オ） リチウムイオン蓄電池の劣化速度は、温度環境、充放電の回数や日常の使い方によって大きく変わるが、一般的に寿命は年数ではなく、充放電回数で表される。通常、リチウムイオン蓄電池の場合、数百万サイクルの充放電が可能である。

（ア）～（オ）の説明文は、創蓄連携システムおよび関連する事項について述べたものである。
説明の内容が<u>正しいもの</u>は①を、<u>誤っているもの</u>は②を選択しなさい。

（ア）　創蓄連携システムでは、太陽光発電システムの出力を交流に変換せず、直流で充電している。

（イ）　創蓄連携システムの運転モードで、晴れた日の昼間に、太陽光発電システムで発電した電気を使いながら、余った電気を蓄電システムに蓄電し、さらに余れば売電する運転モードは、電力の自家消費を促進することにつながっている。

（ウ）　V2H システムにおいて、電気自動車（EV）から家庭内に給電する V2H 充放電機器自体は、一般的に蓄電機能を備え持つ。

（エ）　電気自動車やプラグインハイブリッド自動車（PHV）などの電動車の蓄電池は、住宅用蓄電池として利用することによって、大容量蓄電システムを構築できるメリットがある。

（オ）　自立運転時に 200V 出力に対応できる V2H 充放電機器は、扱える電流容量が小さいため、非常時では全負荷対応で使用することができない。

（ア）～（オ）の説明文は、エコキュートおよび関連する事項について述べたものである。
組み合わせ①～④のうち、説明の内容が誤っているものの組み合わせを１つ選択しなさい。

（ア）　小売事業者表示制度における温水機器の統一省エネラベルは、エネルギー種別（電気・ガス・石油）ごとの多段階評価点が表示されているため、エネルギー種別の異なるエコキュートとガス温水機器、石油温水機器との省エネ性能についての比較はできない。

（イ）　JIS に基づく「年間給湯効率」は、１年を通してエコキュートを運転し、台所・洗面所・ふろ（湯はり）・シャワーで給湯した分の給湯熱量を１年間に必要な消費電力量で割って算出する。

（ウ）　エコキュートの設置にあたっては、最低気温が－10℃までの地域に設置する場合は「一般地仕様」でよいが、最低気温が－10℃未満の地域では、「寒冷地仕様」を選ぶ必要がある。

（エ）　エコキュートには、太陽光発電システムの余剰電力を有効活用できる連携機能をもつ製品がある。この製品では、翌日の天気予報と過去の太陽光発電システムの発電実績から、AI を活用して翌日の発電量を予測し、エコキュートの沸き上げタイミングを最適化している。

（オ）　エコキュートのヒートポンプユニットの運転音は、中間期（春期、秋期）と夏期の運転音を区分してカタログなどに表示されている。実際の据え付け状態では、カタログの数値より小さくなるのが一般的である。

【組み合わせ】

① （ア）と（オ）
② （イ）と（オ）
③ （ウ）と（エ）
④ （エ）と（ア）

(ア)～(オ)の説明文は、換気設備について述べたものである。
組み合わせ①～④のうち、説明の内容が誤っているものの組み合わせを1つ選択しなさい。

(ア)　季節や天候などの状況によって、外気はちりや花粉など住宅内に取り込みたくない物質を含んでいることから、一般的に機械給気では、フィルターを換気扇本体に組み込むなどして、外気の汚れなどが住宅内へ侵入することを抑制している。

(イ)　第２種換気（強制排気型）は、排気を機械換気で強制的に行い、給気を自然換気で行う換気方式であり、台所や浴室などニオイや熱気の出るところに多く採用されている。

(ウ)　熱交換型換気扇には、全熱交換器と顕熱交換器がある。給気と排気が熱交換器を通過する際に、湿度（潜熱）を熱交換しない顕熱交換器と比べ、温度（顕熱）と湿度（潜熱）の熱交換を行う全熱交換器のほうが、一般的に冷暖房の熱ロスが少ない換気ができる。

(エ)　ガスコンロから上昇する油煙をできるだけ低い位置で捉えるために、熱源とレンジフードファンのファンユニット（プロペラファン、シロッコファンとも）の下端までの離隔距離は 70cm 以内となるように据え付ける必要がある。

(オ)　住宅全体をひとつの空間として捉えた全体換気をする場合、トイレスペースの換気は、臭気対策用としての一時的な大風量と、24 時間換気としての小風量の両方を考慮する必要がある。

【組み合わせ】

①　(ア)と(イ)
②　(イ)と(エ)
③　(ウ)と(オ)
④　(エ)と(オ)

次の説明文は、スマートハウスに関連する政策、社会環境、技術などについて述べたものである。
（ア）～（オ）に当てはまる最も適切な語句を解答欄の語群①～⑩から選択しなさい。

- （ア）とは、2015年の国連サミットで採択された、2030年までに持続可能でよりよい世界を目指すための国際目標である。この（ア）は、17個の目標、169のターゲット、（重複を除く）232の指標から構成されており、「誰一人取り残さない」持続可能で多様性と包摂性のある社会の実現を目指している。
- AI（Artificial Intelligence）における機械学習の手法の一つに、（イ）がある。この（イ）により、コンピューターがパターンやルールを発見するうえで何に着目するかを自ら抽出することが可能となり、それらをあらかじめ人が設定していない場合でも、識別などが可能になったとされている。
- 2021年に開催された国連気候変動枠組条約第26回締約国会議（COP26）では、パリ協定で掲げられていた「今世紀後半までに世界の平均気温上昇を、産業革命以前と比べて2.0℃より十分低く保ち1.5℃に抑える努力をする」という目標に対し、最終的に気候変動対策の基準が（ウ）℃に事実上設定されることとなった。
- （エ）とは、企業による再生可能エネルギー100%宣言を可視化するとともに、再生可能エネルギーの普及を目指す国際ビジネスイニシアティブである。
- （オ）では、地域の「暮らしや社会」、「教育や研究開発」、「産業や経済」をデジタル基盤の力により変革し、「大都市の利便性」と「地域の豊かさ」の融合を目指している。

【語群】

① DX（デジタルトランスフォーメーション）	② 2.0
③ ESG	④ SDGs（エス・ディー・ジーズ）
⑤ データマイニング	⑥ RE100
⑦ ディープラーニング（深層学習）	⑧ GX（グリーントランスフォーメーション）リーグ基本構想
⑨ デジタル田園都市国家構想	⑩ 1.5

①～④の説明文は、日本のエネルギー政策および関連する事項について述べたものである。
説明の内容が<u>誤っているもの</u>を1つ選択しなさい。

① 現行のエネルギー供給強靱化法（強靱かつ持続可能な電気供給体制の確立を図るための電気事業法の一部を改正する法律）によって改正された電気事業法において、特定の大規模発電設備のみから一定程度の電力供給量を確保し、「回復力」として小売電気事業者に提供する事業者として、アグリゲーターが位置づけられた。

② 電力の供給力を積み増す代わりに、供給状況に応じて賢く消費パターンを変化させることで、需給バランスを一致させようとする取り組みを「ディマンドリスポンス（DR)」という。

③ VPPとは、各地域・各需要家に分散している創エネ・蓄エネ・省エネの各エネルギーリソース（太陽光、蓄電池、ディマンドリスポンスなど）をIoTの活用により統合制御し、あたかもひとつの発電所のように機能させることを意味する。

④ 改正電気事業法（2020年6月公布）では、「電気計量制度」を合理化し、条件によっては計量法の規定を一部適用除外できるとする特定計量制度が創設された。一定の基準を満たした場合には、電気自動車充放電設備で計量した「電気自動車の充放電量」を電力取引に活用できることになる。

（ア）～（オ）の説明文は、日本のエネルギー政策の現状と今後および関連する事項について述べたものである。
組み合わせ①～④のうち、説明の内容が誤っているものの組み合わせを1つ選択しなさい。

（ア）　日本のエネルギー政策の原則であるS+3Eとは、安全性（Safety）を大前提としたうえで、エネルギーの安定供給（Energy Security）、経済効率性の向上（Economic Efficiency）による低コストでのエネルギー供給、温室効果ガス削減目標を掲げた環境適合（Environment）を同時に実現するために、最大限の取り組みを行うことである。

（イ）　水力発電は、河川などの高低差を活用して水を落下させ、その際のエネルギーで水車を回して電気を起こす仕組みである。日本国内においては、農業用水路や上水道施設でも発電できる中小規模タイプは既に開発しつくされ、ポテンシャルが低いという課題がある。

（ウ）　2030年度におけるエネルギー需給見通しでは、2050年カーボンニュートラル実現を踏まえ、電源構成における再生可能エネルギー比率は、36%～38%程度に目標設定されており、そのうち太陽光発電は14%～16%程度と一番高い構成比となっている。

（エ）　2050年のカーボンニュートラル実現を目指し、政府は「2050年カーボンニュートラルに伴うグリーン成長戦略（以下、グリーン成長戦略）」という産業政策を策定した。このグリーン成長戦略では、成長が期待される産業（14分野）のひとつとして、洋上風力産業を成長戦略として育成していく方針を示している。

（オ）　再生可能エネルギーとは、太陽光、風力、水力、地熱などの自然エネルギーのことをいう。バイオマス（動植物などの生物資源）は、再生可能エネルギーに該当していない。

【組み合わせ】

① （イ）と（ウ）
② （ウ）と（オ）
③ （エ）と（ア）
④ （オ）と（イ）

（ア）～（オ）の説明文は、家自体の省エネルギーおよび関連する事項について述べたものである。
説明の内容が正しいものは①を、誤っているものは②を選択しなさい。

（ア）　建築物省エネ法の省エネ基準では、建物全体の省エネ性能を分かりやすく把握できる指標として、「一次エネルギー消費量」を採用・評価している。一次エネルギー消費量とは、住宅や建築物で消費するエネルギーを熱量換算したもので、単位にはMJまたはGJが使用されている。

（イ）　外皮とは、建物の外気に接する屋根、天井、壁、開口部、床、土間床、基礎などの熱的境界となる部分をいう。
下図の場合であれば、外気に通じている小屋裏の屋根（下図の屋根B、屋根C）は外皮にあたる。

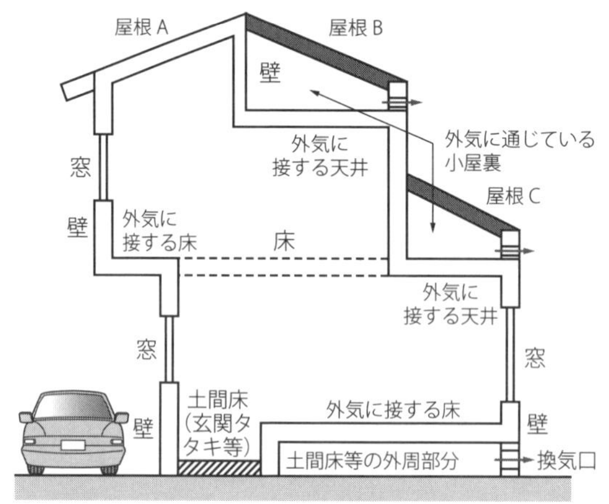

（ウ）　建築物省エネ法に基づく誘導措置は、建築主等に自主的に省エネ性能の向上の促進を誘導するための措置として、「性能向上計画認定・容積率特例制度」及び「基準適合認定・表示制度」の２つの認定制度がある。

（エ）「冷房期の平均日射熱取得率」は、窓から直接侵入する日射による熱と、窓以外からの屋根・天井・外壁等からの熱伝導により侵入する熱を評価した冷房期の指標である。「冷房期の平均日射熱取得率」の値が小さいほど日射が入りにくく、遮蔽性能が高い。

（オ）　BELSとは「建築物省エネルギー性能表示制度」のことであり、国土交通省のガイドラインに基づき、一般社団法人住宅性能評価・表示協会が運営する第三者認証制度の一つである。新築の住宅・建築物を対象として、省エネ性能等に関する評価や認定、表示を行うもので、既存住宅は対象とならない。

(ア)～(オ)の説明文は、家自体の省エネルギーおよび関連する事項について述べたものである。
説明の内容が正しいものは①を、誤っているものは②を選択しなさい。

(ア) 断熱ドアの扉本体は、熱伝導率の高い材料を充填した金属製断熱フラッシュ構造等に複層ガラス等を組み込んだものである。玄関ドアの断熱仕様のタイプは、製品によってK２、K３、K４または、D２、D３、D４の仕様に分けられており、どちらも数値が大きいほど断熱性能が高いことを表している。

(イ) 断熱工法は、基本的に住宅の構造によって使い分けを行う。木造または鉄骨造の場合は「充填断熱工法」、「外張断熱工法」、充填断熱と外張断熱を組み合わせた「付加断熱工法（複合断熱工法）」がある。また、鉄筋コンクリート造の場合は「外張断熱工法」、「内張断熱工法」が用いられる。

(ウ) 通気層は、壁体内に侵入した水蒸気が滞留しないように外気に逃がすための空間として設け、充填断熱工法、外張断熱工法ともに設置することが必須である。通気層は屋根または外壁等の断熱層の外側に設け、入り口から出口まで寸断されることなく通気可能な空間を確保するように設置する必要がある。

(エ) アルミ樹脂複合サッシは、屋外側にアルミを配し、室内側に樹脂材を組み合わせた構造である。屋外にアルミを配することで耐候性、耐久性、紫外線、腐食、錆びに強く、防火性がある。室内側に樹脂材を使うことで、アルミ材のみのサッシより断熱性が向上する。

(オ) 「日射取得型」Low-E複層ガラスは、断熱だけでなく遮熱も重視するため、下図のようにLow-E金属膜が複層ガラスの中空層の室外側のガラス表面にコーティングされており、ガラスの日射熱取得率が0.49以下のものを指す。この構造と数値の条件により、夏期に日射遮熱効果を発揮して冷房負荷を低減させ、冬期は室内の熱を逃がさず暖房負荷を軽減させている。

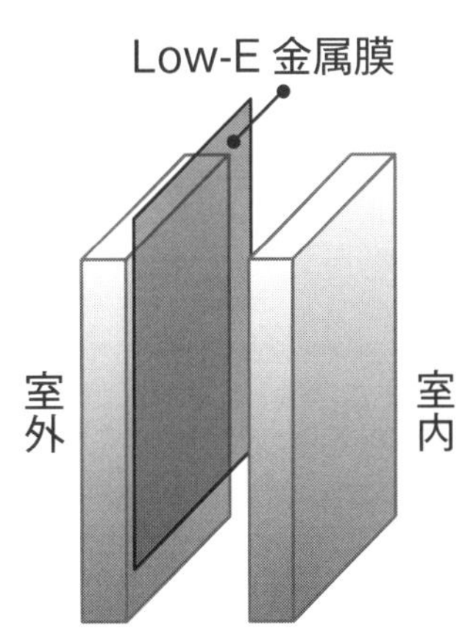

（ア）～（オ）の説明文は、ZEH の定義および関連する事項について述べたものである。
説明の内容が正しいものは①を、誤っているものは②を選択しなさい。

（ア）70m^2 の敷地に平屋の省エネ住宅を建築した。『ZEH』（狭義の ZEH）の強化外皮基準を満たし、太陽光発電システムや省エネ設備を導入した。再生可能エネルギーを含まない状態の省エネルギー率（基準一次エネルギー消費量からの一次エネルギー消費量の削減率）は 20% を達成したが、再生可能エネルギーを含めた省エネルギー率は、太陽電池の設置面積が広くとれなかったため、80% にとどまった。この場合、この住宅が認定される可能性があるのは ZEH Oriented である。

（イ）３階建の集合住宅において、全住戸が『ZEH』基準の強化外皮基準および再生可能エネルギーを含まない場合の省エネルギー率 20% を満たしている。また、再生可能エネルギーを含んだ省エネルギー率は、１階部は『ZEH』の基準を、２階部および３階部は Nearly ZEH の基準を満たしている。この場合、この集合住宅は、１階部は『ZEH-M』（狭義の ZEH-M）、２階部と３階部は Nearly ZEH-M に認定される。

（ウ）新築戸建住宅において、TPO モデル（居住者以外の第三者が太陽光発電システムの設置に係わる初期費用を負担して設備を保有するモデル）を利用して太陽光発電システムを導入する場合、ZEH 認定を受けるためには、エネルギーに係る設備は住宅の敷地内に設置されている必要がある。

（エ）国土交通省と消費者庁は、「住宅の品質確保の促進等に関する法律に基づく住宅性能表示制度」について、住宅性能表示基準を一部改正し、認定低炭素住宅や認定長期優良住宅の認定基準を ZEH 水準へ引き上げた。

（オ）省エネ対策の強化に向けた取り組みの一つとして、2023 年度より住宅トップランナー制度の対象に分譲マンションが追加され、2025 年度に住宅トップランナー基準の見直しが行われる。

次の説明文は、スマート化リフォームの進め方について述べたものである。
（ア）～（オ）に当てはまる**最も適切な語句**を解答欄の語群①～⑩から選択しなさい。

- 屋内側から行う壁の断熱工法には、既存の内装を撤去するリフォームと合わせて室内側から柱と間柱の間に断熱材を設置する（ア）断熱工法と、既存の内装材に直接ボード状の断熱材をビスで固定する短期施工型の内張断熱工法がある。
- 内窓とは、既存窓の内側に、樹脂製の内窓専用のサッシを取り付け、窓を二重化したものである。既存の窓と新たに設置する窓との間に（イ）ができるため、窓の断熱性が向上して結露が防止できるとともに、防音・遮音効果や防犯性に優れるといった特徴がある。
- 桁上断熱工法は、梁の上に合板などの下地材を敷設したあと、その（ウ）にグラスウールやプラスチック系断熱材を施工する工法である。小屋裏の防露および排熱のため、小屋裏換気を十分に行えるように、小屋裏換気口などを設ける。
- 床下からの断熱工事で、吹付け硬質ウレタンフォームを床下から吹き付ける際には、（エ）を回避すべく、部材を包み込むように施工する。
- アイランド型とは、（オ）キッチンに用いられ、キッチンを四方の壁から離して島のように設置するレイアウトである。アイランド型にはアイランドⅠ列型、アイランドⅡ列型がある。

【語群】

① 重ね張り	② 下
③ 熱橋（ヒートブリッジ）	④ オープン
⑤ 真空層	⑥ 空気層
⑦ 上	⑧ 熱溜まり（ヒートビルドアップ）
⑨ 独立型	⑩ 充填

（ア）～（オ）の説明文は、水回りのリフォームについて述べたものである。組み合わせ①～④のうち、説明の内容が誤っているものの組み合わせを１つ選択しなさい。

（ア）　洗面所は水ぬれや湿気が発生し、シロアリの発生や腐朽等の原因となるため、洗面所の壁と床には、耐水性のある下地材、防水上有効な仕上げ材を使用しなければならない。下地は耐水合板とし、壁には防水効果のあるビニルクロス、床材には耐水フローリングや耐水性のある塩化ビニル樹脂製のクッションフロアなどを施工するのが基本である。

（イ）　トイレルーム専用の大型床用セラミックパネルは、フローリングと併用し便器のまわりのみに敷設する方法と、床全体に敷設する方法がある。リフォームの場合には、セラミックパネルを既存の床の上から重ね張りすることはできず、一旦既存の床を取り外してから敷設する必要がある。

（ウ）　システムバスへのリフォームにあたっては、既存の出入り口の幅が狭くて、システムバスの部材が入らないという事態が起こり得るため、事前の現場調査で搬入可能であることを確認しておく必要がある。

（エ）　建築物省エネ法の建築物エネルギー消費性能基準で定義される節湯水栓は、「２バルブ湯水混合水栓」、「ミキシング湯水混合水栓」、「シングルレバー湯水混合水栓」のいずれかで、かつ「手元止水機構を有する水栓」、「小流量吐水機構を有する水栓」または「水優先吐水機構を有する水栓」の１つ以上を満たしており、使用者の操作範囲内に流量調節部および温度調節部があるものを指す。

（オ）　水回り設備のリフォーム時に、老朽化した給湯配管を取り替えることがある。配管方式には先分岐方式とヘッダー方式があるが、一般的にヘッダー方式のほうが湯待ち時間が短く、湯が冷めにくいとされ、省エネ効果が認められている。

【組み合わせ】

①　（ア）と（イ）
②　（イ）と（エ）
③　（ウ）と（オ）
④　（エ）と（オ）

(ア)～(オ)の説明文は、省エネルギー住宅・リフォームのための建築基礎知識、住宅関連法規について述べたものである。
説明の内容が正しいものは①を、誤っているものは②を選択しなさい。

(ア) 鉄筋コンクリート構造の一つであるラーメン構造は、鉄骨の柱と梁を一体化（剛接合）して骨組をつくったもので、低層から高層までの住宅などに用いられている。利点として開口部や間仕切り位置、間取りなどの設計での自由度が高い点が挙げられる。

(イ)「住宅の品質確保の促進等に関する法律（品確法）」の住宅性能表示制度で定められた耐震等級で、等級2とは、建築基準法に定められた地震による力の 1.25 倍の力に対する耐震性能を満たす水準である。

(ウ)「住宅瑕疵担保履行法」における新築住宅の瑕疵担保責任の範囲は、「住宅の耐震構造上主要な部分」と「断熱性能を維持する部分」である。また、瑕疵担保責任の期間は、売主または請負人から買主に引渡し後 10 年間である。

(エ) 消防法および関連法令において、住宅用防災警報器は、すべての寝室と寝室階から直下階に通ずる階段などの天井、または壁への設置が義務づけられている。また、市町村条例により台所への設置を義務づけているところもある。

(オ) 建築基準法では、住宅における隣地境界線、および敷地に接する道路の中心線から1階は 3m 以下、2階以上は 5m 以下の距離にある部分は、延焼のおそれがある部分とされている。ただし、防火上有効な空地に面する部分は延焼のおそれがある部分から除外されている。

（ア）～（オ）の説明文は、HEMS および IoT に関連する事項について述べたものである。
組み合わせ①～④のうち、説明の内容が誤っているものの組み合わせを 1 つ選択しなさい。

（ア）ZEH+ などの補助要件の一つになっている高度エネルギーマネジメントとは、HEMS により、太陽光発電設備などの発電量などを把握したうえで、住宅内の暖冷房設備、給湯設備等を制御可能であることと定義されている。また、HEMS や制御対象機器に関しては、いずれも ECHONET Lite AIF 仕様に適合し、認証を取得しているものを設置することが基本であるが、一部特殊ケースも存在する。

（イ）エネルギー計測ユニットの据え付け・施工や、HEMS コントローラーや機器の設定には特に必要な資格は無いが、インターネット関連の基本的な知識を持っていることが望ましい。

（ウ）総務省では、情報セキュリティ対策として「情報セキュリティ（サイバーセキュリティ）初心者のための三原則」を公表している。この三原則は、ソフトウエアの更新、ウイルス対策ソフト（ウイルス対策サービス）の導入、ID とパスワードの適切な管理、と基本的なものであるが、対策として重要なポイントなので、実際の機器設置後も実施できる環境を整えておくべきである。

（エ）HEMS には、エネルギーの見える化機能がある。住宅内のエネルギー使用状況を詳細に把握するため、分電盤の主幹・分岐回路ごとの消費電力量および消費電力を「エネルギー計測ユニット」により計測できる。

（オ）エネルギーマネジメントにおいて、重要な役割を担う創エネルギー・蓄エネルギー・省エネルギー機器として、重点 8 機器という機器群がある。この重点 8 機器には照明器具、給湯器は含まれていない。

【組み合わせ】

① （ア）と（オ）
② （イ）と（ウ）
③ （ウ）と（エ）
④ （オ）と（イ）

①〜④の説明文は、住宅用太陽光発電システムおよびエネファーム（家庭用燃料電池コージェネレーションシステム）について述べたものである。説明の内容が誤っているものを１つ選択しなさい。

① 発電量を最大にするには、太陽光に対して直角に太陽電池モジュールを設置するのが理想であるが、日本では一般的に屋根の南側（南面）で傾斜角度 20 度〜 30 度前後が最も効率的である。

② 太陽光発電システムの系統連系における出力制御とは、電力会社が、発電事業者の所有する太陽光発電システムのパワーコンディショナの出力電力を制御することをいう。

③ エネファームは、都市ガスや LP ガス、電気、水（水道水）が安定して供給されていない地域に設置することはできない。また、単独では、自家発電装置、無停電電源装置として利用することもできない。なお、防火地域および準防火地域に関する規制を受けることはない。

④ 燃料電池（FC：Fuel Cell）とは、水の電気分解と同じ化学反応を利用することにより、直流電流を作り出す化学電池である。水に電気を加えることで水素と酸素を発生させ発電する仕組みである。

（ア）～（オ）の説明文は、住宅用リチウムイオン蓄電システムおよび関連する事項について述べたものである。
説明の内容が正しいものは①を、誤っているものは②を選択しなさい。

（ア）　蓄電システムには、通常のコンセントにつないで使用する系統連系機能のないタイプと、配線工事をして据え付けで使用する系統連系機能のあるタイプの２種類がある。電力会社への届出が必要なのは、系統連系機能のあるタイプだけである。

（イ）　蓄電システムを HEMS と連携させると、太陽光発電システムの発電量や家庭の消費電力量などとともに、蓄電システムの充電量も把握できる。ただし、安全上の観点から、HEMS コントローラーからの指示では、蓄電システムより放電させることはできない仕組みになっている。

（ウ）　一般的な住宅における蓄電システムの蓄電容量は、5kWh ～ 12kWh 程度、出力は 2kW ～ 6kW 程度である。機器の仕様や設定条件にもよるが、10kWh の蓄電池では、目安として消費電力合計 2kW の機器を、最大 10 時間まで使用が可能である。

（エ）　太陽光発電システムのパワーコンディショナと蓄電システムのパワーコンディショナを兼用したハイブリッドパワーコンディショナを搭載した蓄電システムは、太陽光発電システムで発電した電力を交流のまま利用できるため、変換ロスが少なく効率的である。

（オ）　系統連系タイプの住宅用リチウムイオン蓄電システムは、自宅の分電盤にあらかじめ配線工事をしたうえで、電力系統に接続して使用することができる。これには、停電時に特定の電気機器を指定して電気を供給する特定負荷タイプに加え、すべての電気機器に接続して電気を供給する全負荷タイプもある。

(ア)～(オ)の説明文は、創蓄連携システムおよび関連する事項について述べたものである。
説明の内容が正しいものは①を、誤っているものは②を選択しなさい。

(ア) 創蓄連携システムでは、太陽光発電システムの出力を交流に変換せず、直流で充電している。

(イ) 創蓄連携システムの自給自足（環境優先、グリーン）モードでは、昼間は、太陽光発電システムで発電した電気を使いながら、余った電気はすべて売電する。

(ウ) 太陽光発電システムを系統連系にて設置し、V2H に対応する住宅を構成する。このとき、停電時に太陽光で発電した電気を電気自動車（EV）やプラグインハイブリッド自動車（PHV）などの電動車の充電池に充電する場合の V2H 充放電機器は、非系統連系型は使用できない。

(エ) 電気自動車（EV）やプラグインハイブリッド車（PHV）などの電動車は、すべて V2H に対応できるわけではない。

(オ) 創蓄連携システムの全負荷型は、非常時に蓄電池の負荷の対象を限定して電気を使うことができるため、蓄電池の電気を長持ちさせやすいという利点がある。

（ア）～（オ）の説明文は、エコキュートおよび関連する事項について述べたものである。
組み合わせ①～④のうち、説明の内容が誤っているものの組み合わせを１つ選択しなさい。

（ア）　エコキュートは、太陽熱温水器をつないで、そこからの高温水を利用することで大きな省エネ効果を得ることができる。また、太陽光発電システムによる余剰電力で昼間に湯を沸かす仕組みは、電力の自給自足につながる蓄エネ（蓄熱）機器としても注目されている。

（イ）　JISに基づく「年間給湯保温効率」は、１年を通してエコキュートを運転し、台所・洗面所・ふろ（湯はり）・シャワーで給湯した分の給湯熱量とふろ保温時の保温熱量を、１年間で必要な消費電力量で割って算出する。

（ウ）　小売事業者表示制度における温水機器の統一省エネラベルには、エネルギー種別（電気・ガス・石油）を問わない横断的な多段階評価点と、年間目安エネルギー料金が表示されている。消費者がエコキュートを購入するときに、温水機器全体で省エネ性能やランニングコストを一目で比較できるようになっている。

（エ）　エコキュートのヒートポンプユニットは、万が一、そこからイソブタン冷媒（R600a）が漏れると、空気との比重が1.529であるため、下層にたまり酸素不足の原因になるおそれがあることから、屋内に設置してはならない。

（オ）　エコキュートには、一般的には水道法の飲料水水質基準に適合した水道水を使用するが、一定の水質基準を満たす井戸水を使用できる製品もある。

【組み合わせ】
① （ア）と（イ）
② （イ）と（オ）
③ （ウ）と（エ）
④ （エ）と（ア）

（ア）～（オ）の説明文は、換気設備について述べたものである。
組み合わせ①～④のうち、説明の内容が誤っているものの組み合わせを1つ選択しなさい。

（ア） 熱交換型換気扇には、全熱交換器と顕熱交換器がある。給気と排気が熱交換器を通過する際に、湿度（潜熱）を熱交換しない顕熱交換器と比べ、温度（顕熱）と湿度（潜熱）の熱交換を行う全熱交換器のほうが、一般的に冷暖房の熱ロスが少ない換気ができる。

（イ） 第３種換気（強制排気型）は、排気を機械換気で強制的に行い、給気を自然換気で行う換気方式であり、クリーンルームや病院内の手術室などに多く採用されている。

（ウ） 季節や天候などの状況によって外気は、ちりや花粉など住宅内に取り込みたくない物質を含んでいることから、一般的に機械給気では、フィルターを換気扇本体に組み込むなどして、外気の汚れなどが住宅内へ侵入することを抑制している。

（エ） 住宅全体をひとつの空間として捉えた全体換気をする場合、トイレスペースの換気は、臭気対策用としての一時的な大風量と、24時間換気としての小風量の両方を考慮する必要がある。

（オ） 安全上の観点から熱源とレンジフードファンのグリスフィルター下端までの離隔距離は100cm以上となるようにする必要がある。なお、調理油過熱防止装置付コンロや特定安全電磁誘導加熱式調理器では、80cm以上と別途定められている。

【組み合わせ】

① （ア）と（イ）
② （イ）と（オ）
③ （ウ）と（エ）
④ （エ）と（オ）

スマートハウスの基礎
問題＆解説

問題集 1
問題集 2

次の説明文は、スマートハウスに関連する政策、社会環境、技術などについて述べたものである。
（ア）～（オ）に当てはまる**最も適切な語句**を解答欄の語群①～⑩から選択しなさい。

- RE100とは、企業の（ア）100%を推進する国際ビジネスイニシアティブである。企業による（ア）100%宣言を可視化するとともに、（ア）の普及・促進を求めるもので、世界の数々の影響力のある大企業が参加している。
- Society5.0とは、サイバー空間とフィジカル空間を高度に融合させたシステムにより、経済発展と社会的課題の解決を両立する、（イ）の社会を目指したわが国の政策ビジョンである。
- 日本政府は2021年11月に、地方からデジタルの実装を進め、地方と都市の差を縮めつつ、都市の活力と地方のゆとりの両方を享受できる（ウ）を表明し、検討と推進をスタートしている。
- 気候変動問題や人権問題などの世界的な社会課題が顕在化している中、ESGの3つの観点に配慮している企業を重視・選別して行うESG投資という考え方が注目されている。このESGは環境（Environment）、（エ）、ガバナンス（Governance）の頭文字を取っている。
- AI（Artificial Intelligence）における機械学習の手法の一つに、（オ）がある。この（オ）により、コンピューターがパターンやルールを発見するうえで何に着目するかを自ら抽出することが可能となり、それらをあらかじめ設定していない場合でも、識別などが可能になったとされている。

【語群】

① 再生可能エネルギー	② 人間中心
③ 製品リサイクル	④ 社会（Social）
⑤ 持続可能性（Sustainability）	⑥ 地方創生 SDGs
⑦ NFT（非代替性トークン）	⑧ ディープラーニング（深層学習）
⑨ 情報技術重視	⑩ デジタル田園都市国家構想

正解 (ア) ① (イ) ② (ウ) ⑩ (エ) ④ (オ) ⑧

解説

- RE100 (Renewable Energy 100%) とは、企業の 再生可能エネルギー 100%を推進する国際ビジネスイニシアティブである。企業による 再生可能エネルギー 100%宣言を可視化するともに、 再生可能エネルギー の普及・促進を求めるもので、世界の数々の影響力のある大企業が参加している。なお、R100という、古紙パルプ配合率100%の用紙 (再生紙) を使用していることを表すマークも存在している。
- Society5.0では 人間中心 の社会を目指している。内閣府 Web サイト (https://www8.cao.go.jp/cstp/society5_0) でも次のように記されている。「ビッグデータを踏まえたAIやロボットが今まで人間が行っていた作業や調整を代行・支援するため、日々の煩雑で不得手な作業などから解放され、誰もが快適で活力に満ちた質の高い生活を送ることができるようになる。これは一人一人の人間が中心となる社会であり、決してAIやロボットに支配され、監視されるような未来ではない。我が国は、先端技術をあらゆる産業や社会生活に取り入れ、イノベーションから新たな価値が創造されることにより、誰もが快適で活力に満ちた質の高い生活を送ることのできる人間中心の社会「Society 5.0」を世界に先駆けて実現していく。」
- 日本政府は2021年11月に、地方からデジタルの実装を進め、地方と都市の差を縮めつつ、都市の活力と地方のゆとりの両方を享受できる デジタル田園都市国家構想 を表明し、検討と推進をスタートしている。なお、地方創生SDGsとは、持続可能なまちづくりや地域活性化に向けた取組の推進に当たり、SDGsの理念を取り込むことで、政策の全体最適化、地域課題解決の加速化という相乗効果を狙った取り組みである。(内閣官房Webサイト:https://www.chisou.go.jp/tiiki/kankyo/index.html)
- ESG投資とは、企業がどういった課題に配慮しているかという観点であるため、 社会 (Social) が正しい。持続可能性 (Sustainability) はもう一つ上のレイヤーであり、課題に対するアプローチであるため、環境 (Environment) やガバナンス (Governance) と同レベルではない。
- AI (Artificial Intelligence) における機械学習の手法の一つに、 ディープラーニング (深層学習) がある。この ディープラーニング (深層学習) により、コンピューターがパターンやルールを発見するうえで何に着目するかを自ら抽出することが可能となり、それらをあらかじめ設定していない場合でも、識別などが可能になったとされている。なお、NFT (Non-Fungible Token:非代替性トークン) とは「偽造不可な鑑定書・所有証明書付きのデジタルデータ」のことである。

①～④の説明文は、日本のエネルギー政策および関連する事項について述べたものである。
説明の内容が誤っているものを１つ選択しなさい。

① 電力システム改革の主たる目的は、「電力の安定供給の確保」、「電気料金の最大限の抑制」、「電気利用の選択肢や企業の事業機会の拡大」の３つである。

② 現行 FIT とは違い、長期の買取単価を固定せず、卸売電力市場のスポット価格に補助額（プレミアム）を上乗せして決める仕組みを FIP という。

③ 地域マイクログリッドは、既存の系統線を一切利用せずに、地域内に新たに構築した専用電力線のみを利用することによる分散型エネルギーシステムの典型的な一つのモデルである。

④ 改正電気事業法（2020 年６月公布）では、災害復旧や事前の備えのために、経済産業大臣からの要請に基づき、一般送配電事業者が自治体等に、戸別の通電状況等の電力データの提供を行うことも義務づけられた。

正解　③

解説

① 【○】電力システム改革は、第４次エネルギー基本計画で提唱され、その後の重要な方針が盛り込まれた。この改革の主たる目的は「電力の安定供給の確保」、「電気料金の最大限の抑制」、「電気利用の選択肢や企業の事業機会の拡大」の３つであり、広域的な電力融通の構築や、利用者が電力を購入する会社を選択することができるようになった。

② 【○】FIT 制度では一定期間の買取単価が固定で決められたが、FIP 制度では、補助額（プレミアム）が一定で、買取単価は市場価格に連動する。需要ピーク時（市場価格が高い）には蓄電池の活用などでインセンティブが得られるため、供給量を増やす動きとなる。

③ 【×】地域マイクログリッドは、既存の系統線を活用するものであり、地域内に新たに構築した専用線のみを活用するというものではない。地域マイクログリッドは、分散型エネルギーシステムの典型的な一つのモデルであり、平時から再エネ電源を有効活用しつつ、災害等による大規模停電時には周辺系統から独立したグリッドにおいて電力供給可能な自立型の電力システムとしての活用が期待されている。

④ 【○】エネルギー供給強靱化法のうちの、改正電気事業法（2020 年６月公布）では、災害復旧や事前の備えのために、経済産業大臣からの要請に基づき、一般送配電事業者（送配電事業者）が自治体等に、戸別の通電状況等の電力データの提供を行うことも義務づけられた（公布と同時に施行）。「自治体関係者での停電エリア情報の共有」、「住民から自治体への停電状況の問合せ対応」への活用が始まっている。

（ア）～（オ）の説明文は、日本のエネルギー政策の現状と今後および関連する事項について述べたものである。
組み合わせ①～④のうち、<u>説明の内容が誤っているものの組み合わせ</u>を1つ選択しなさい。

（ア） 2030年度におけるエネルギー需給見通しでは、2050年カーボンニュートラル実現を踏まえ、電源構成における再生可能エネルギー比率は22%～24%程度に目標設定されている。

（イ） 日本のエネルギー自給率は2010年度時点では約20%だったが、東日本大震災後、約6%まで低下している。なお、原子力発電の再稼働や再生可能エネルギーの導入などにより、2019年度には約12%まで回復している。

（ウ） 日本のエネルギー政策の原則であるR+3Eとは、レジリエンス（Resilience）を大前提としたうえで、エネルギーの安定供給（Energy Security）、経済効率性の向上（Economic Efficiency）による低コストでのエネルギー供給、温室効果ガス削減目標を掲げた環境適合（Environment）を同時に実現するために、最大限の取り組みを行うことである。

（エ） 2021年に新たに策定された第6次エネルギー基本計画では、2030年温室効果ガス46%削減に向けたエネルギー政策の具体的な政策と、2050年カーボンニュートラル実現に向けたエネルギー政策の大きな方向性が示されている。

（オ） 地熱発電は、地下に蓄えられた地熱エネルギーを蒸気や熱水などで取り出し、タービンを回して電気を起こす仕組みであり、出力が安定し、昼夜を問わず24時間稼働できることがメリットである。デメリットとして開発期間が10年程度と長く、開発費用が高額であることが挙げられる。

【組み合わせ】

① （ア）と（オ）
② （イ）と（ウ）
③ （ウ）と（ア）
④ （エ）と（イ）

正解 ③

解説

（ア）【×】2030年度におけるエネルギー需給見通しでは、カーボンニュートラル実現を踏まえ、電源構成における再生可能エネルギー比率の目標設定が見直しされている、22%～24%程度は従来目標で、現在目標は36%～38%程度である。

（イ）【○】なお、資源エネルギー庁の資料では、2019年度の日本の自給率は12.1%であり、他のOECD（経済協力開発機構）諸国と比べても低い水準（主要国のうち第35位）となっている。

（ウ）【×】日本のエネルギー政策においては、R：レジリエンス（Resilience）ではなく、S：安全性（Safety）が大前提となっている。なお、近年では災害に対するレジリエンス（回復力）が重要視されており、住宅や建築物におけるレジリエンス強化も重要な課題となっている。

（エ）【○】第6次エネルギー基本計画では、2050年のカーボンニュートラルを実現するための重要な視点として、（1）電力部門の脱炭素化、（2）産業・民生・運輸部門の電化、水素化などを通じた脱炭素化、（3）徹底した省エネの3つを挙げている。

（オ）【○】日本は世界第3位の豊富な地熱資源量を持っており、地熱発電のポテンシャルが非常に高い国である。第6次エネルギー基本計画でも2030年に148万kW（現在の2倍以上）の導入目標を定め、積極的に導入拡大を図ることが決定されている。

（ア）～（オ）の説明文は、家自体の省エネルギーおよび関連する事項について述べたものである。
説明の内容が<u>正しいもの</u>は①を、<u>誤っているもの</u>は②を選択しなさい。

（ア） 建築物省エネ法の規制措置の対象は、「適合義務制度」、「届出義務制度」、「説明義務制度」、「住宅トップランナー制度」の４つである。

（イ） 外皮性能を評価する基準値は地域ごとに定められており、気象庁が設けた全国156カ所の地上気象観測地点ごとに、1地域から9地域の省エネ基準地域区分が指定されている。

（ウ） 外皮とは、建物の外気に接する屋根、天井、壁、開口部、床、土間床、基礎などの熱的境界となる部分をいう。
下図の場合であれば、外気に通じている小屋裏の屋根（下図の屋根B、屋根C）は外皮にあたらない。

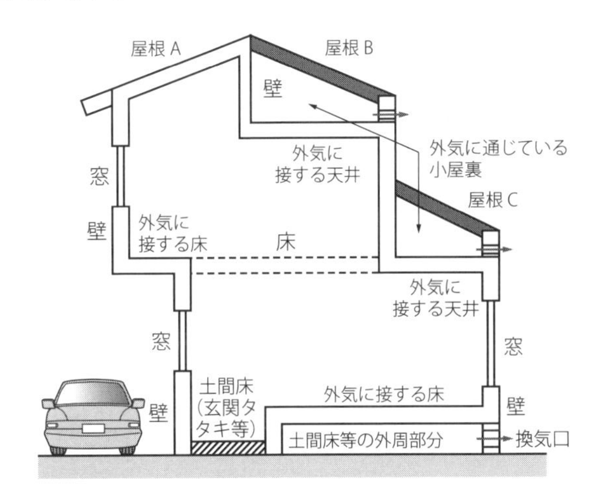

（エ） BELSとは「建築物省エネルギー性能表示制度」のことであり、国土交通省のガイドラインに基づき、一般社団法人住宅性能評価・表示協会が運営する第三者認証制度の一つである。新築・既存のすべての住宅・建築物を対象として、省エネ性能等に関する評価や認定、表示を行うものである。

（オ） 「冷房期の平均日射熱取得率」は、窓から直接侵入する日射による熱と窓以外からの屋根・天井・外壁等からの熱伝導により侵入する熱を評価した、冷房期の指標である。「冷房期の平均日射熱取得率」の値が大きいほど日射が入りにくく、遮蔽性能が高いことを表している。

正解　（ア）①　（イ）②　（ウ）①　（エ）①　（オ）②

解説

（ア）【○】建築物省エネ法の規制措置の対象は、問題文のとおり「適合義務制度」、「届出義務制度」、「説明義務制度」、「住宅トップランナー制度」の４つである。一方、建築物省エネ法に基づく誘導措置には「性能向上計画認定・容積率特例制度」及び「基準適合認定・表示制度」の２つの認定制度がある。

（イ）【×】「気象庁が設けた全国 156 カ所の地上気象観測地点ごとに、1 地域から９地域の省エネ基準地域区分が指定」が誤りである。外皮性能を評価する基準値は地域ごとに定められており、1 地域から８地域の省エネ基準地域区分が市町村単位で国土交通省により指定されている。

（ウ）【○】外皮は下図の網掛け部分であり、外気に通じている小屋裏については図の「外気に接する天井」部分が外皮にあたる。

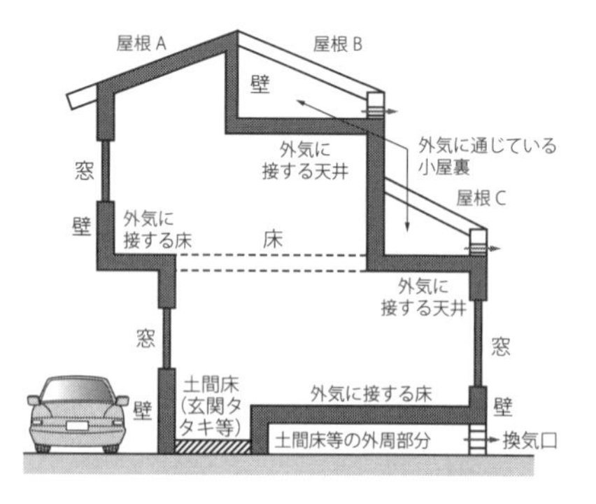

（エ）【○】BELS については、問題文のとおりである。類似のマーク制度として建築物省エネ法第 36 条に基づく省エネ基準適合認定・表示制度の「e マーク」があり、既存建築物の省エネ基準に適合していることを示すが、一次エネルギー消費量の削減や外皮性能、一次エネルギー消費量の基準の適否などまでは表示しない。具体的な性能の表示を希望する場合は、BELS を用いる。

（オ）【×】「値が大きいほど日射が入りにくく、遮蔽性能が高いことを表している」が誤りである。

「冷房期の平均日射熱取得率」は、冷房期における、窓から直接侵入する日射による熱と窓以外からの屋根・天井・外壁等からの熱伝導により侵入する熱を評価した指標である。「冷房期の平均日射熱取得率」の値が小さいほど日射が入りにくく、遮蔽性能が高い。建築物省エネ法上の地域区分の５地域から８地域に適用され、例えば東京 23 区（６地域）であれば 2.8 以下であることが求められる。

(ア)～(オ)の説明文は、家自体の省エネルギーおよび関連する事項について述べたものである。
説明の内容が正しいものは①を、誤っているものは②を選択しなさい。

(ア) 防湿層は、室外の水蒸気が壁体内に侵入するのを防ぐ層で、内部結露を防止することが目的である。繊維系断熱材（グラスウール、ロックウール等）や発泡プラスチック系断熱材（吹付け硬質ウレタンフォームA種3等）の透湿抵抗の大きい断熱材を施工する場合は、室外の水蒸気が壁体内への侵入を防止するために防湿層を必ず設けなければならない。

(イ) 「日射取得型」のLow-E複層ガラスは、下図のようにLow-E金属膜が複層ガラスの中空層の室内側のガラス表面にコーティングされており、ガラスの日射熱取得率が0.5以上のものを指す。この構造は、日射熱を室内に取り込みながら室内の熱の流出を抑止し、冬期の暖房効果を高めている。

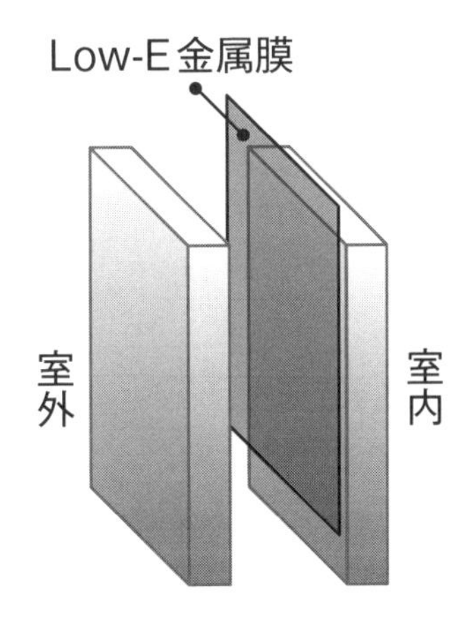

(ウ) 開口部とは、窓と出入口の総称のことである。省エネルギー住宅の考え方では、開口部は断熱材と同じく外皮の一部であり、高断熱化することが欠かせない。

(エ) コールドドラフトは、エアコンで冷やされた空気が、下降気流となり下方に流れる現象のことをいう。対流が起きないため室内温度にムラができ、冷房負荷を増加させる原因となる。一般的にコールドドラフト現象は、サーキュレーターや扇風機を併用することで改善できる。

(オ) 優良断熱材認証マーク（EIマーク）の表示内容は、熱抵抗値R、厚さ、熱伝導率λ、認証登録番号と認証登録会社名である。認証マークは、カタログ、ホームページ、製品梱包等に表示することができる。

正解　（ア）②　（イ）①　（ウ）①　（エ）②　（オ）①

解説

（ア）【×】「室外の水蒸気が壁体内に侵入するのを防ぐ」、「透湿抵抗の大きい断熱材」、「室外の水蒸気が壁体内への侵入」が誤りである。防湿層は、室内の水蒸気が壁体内に侵入するのを防ぐ層で、内部結露を防止することが目的である。繊維系断熱材（グラスウール、ロックウール等）や発泡プラスチック系断熱材（吹付け硬質ウレタンフォームA種３等）の透湿抵抗の小さい断熱材を施工する場合は、室内の水蒸気が壁体内への侵入を防止するために防湿層を必ず設けなければならない。

（イ）【○】Low-E 複層ガラスには「日射取得型（断熱タイプ）」と「日射遮蔽型（遮熱タイプ）」がある。一例として、北面窓に日射取得型、西面窓に日射遮蔽型等と住宅の窓方位によって使い分けて設置すると冷房期の日射熱取得率η_{AC}値が小さくなり、外皮の省エネ性能が向上する。

（ウ）【○】開口部は、住宅における熱の出入りが一番大きい箇所のため、壁や屋根などに断熱材を入れただけでは断熱性を十分に向上させることはできない。窓はもちろん、玄関ドアも外気の影響を受けやすく、室内環境に影響するため、既存住宅の省エネリフォーム時には開口部の断熱リフォームが必須となる。

（エ）【×】「エアコンで冷やされた空気が～冷房負荷を増加させる原因となる」が誤りである。
コールドドラフトとは、断熱性が十分ではない住宅において、例えば冬季の暖房などにより暖かい空気が上昇し、それによって窓などの開口部近傍の冷たい空気が押し出されて足元に流れる現象をいう。その対策としては「壁・床などの躯体の断熱性を向上させるとともに気密性を高める」、「窓下にパネルヒーターを置く」､「窓や壁にエアコンの風を直接あてないように計画する」などの方法がある。

（オ）【○】以下に優良断熱材認証マーク（EI マーク）の表示例を示す。なお、JIS 認証を受けていない断熱材であっても EI 制度の認証を受けることができる。

優良断熱材認証（EI）マーク　出典：（一社）日本建材・住宅設備産業協会

（ア）～（オ）の説明文は、ZEH の定義および関連する事項について述べたものである。
説明の内容が正しいものは①を、誤っているものは②を選択しなさい。

（ア） 70m^2 の敷地に平屋の省エネ住宅を建築した。『ZEH』（狭義の ZEH）の強化外皮基準を満たし、太陽光発電システムや省エネ設備を導入した。再生可能エネルギーを含まない省エネルギー率（基準一次エネルギー消費量からの一次エネルギー消費量の削減率）は 20% を達成したが、再生可能エネルギーを含めた省エネルギー率は、太陽電池の設置面積が広くとれなかったため、80% にとどまった。この場合、この住宅が認定される可能性があるのは Nearly ZEH である。

（イ） 新築集合住宅において、当初、ZEH-M Ready の認定条件を満たす仕様であったが、新たに『ZEH-M』（狭義の ZEH-M）の認定を目指すことになった。これを実現するためには、太陽光発電システムの発電量を増加するなどして、現仕様の再生可能エネルギーを含んだ省エネルギー率をさらに 20% 削減すればよい。

（ウ） 新築戸建住宅において TPO モデル（居住者以外の第三者が太陽光発電システムの設置に係わる初期費用を負担して設備を保有するモデル）を利用して太陽光発電システムを導入する場合、ZEH に認定されるためには、エネルギーに係る設備は住宅の敷地内に設置されている必要がある。

（エ） 国土交通省と消費者庁は、「住宅の品質確保の促進等に関する法律に基づく住宅性能表示制度」について、住宅性能表示基準を一部改正し、断熱等性能等級は、ZEH レベルである「等級５」、ZEH を上回る「等級６」と「等級７」を新設した。

（オ） 国土交通省と消費者庁は「住宅の品質確保の促進等に関する法律に基づく住宅性能表示制度」について、住宅性能表示基準を一部改正し、一次エネルギー消費量等級の「等級６」を新設し、建築物省エネ法の誘導基準の一次エネルギー消費性能を ZEH 水準に引き上げた。

正解　（ア）①　（イ）②　（ウ）①　（エ）①　（オ）①

解説

（ア）【○】問題文は、Nearly ZEH の判定基準である『ZEH』の強化外皮基準、再生可能エネルギーを含まない省エネルギー率 20% 以上、再生可能エネルギーを含む省エネルギー率 75% 以上 100% 未満に合致している。

（イ）【×】ZEH-M Ready に求められる再生可能エネルギーを含んだ省エネルギー率は 50% 以上 75% 未満であり、『ZEH-M』（狭義の ZEH-M）のそれは 100% 以上である。このため、『ZEH-M』の認証を受けるためには、太陽光発電システムの発電量を増加するなどして、ZEH-M Ready の再生可能エネルギーを含んだ省エネルギー率から、さらに 25% から 50% 以上を削減して 100% 以上とする必要がある。

（ウ）【○】ZEH 認定の要件の一つである「エネルギーに係る設備については、所有者を問わず住宅の敷地内に設置されるものとする」を満たす必要があるためである。

（エ）【○】2021 年 12 月に国土交通省と消費者庁は、「住宅の品質確保の促進等に関する法律に基づく住宅性能表示制度」について、住宅性能表示基準を一部改正し、断熱等性能等級は、2022 年 4 月に ZEH レベルである「等級 5」、2022 年 10 月に ZEH を上回る「等級 6」と「等級 7」を新設した。

（オ）【○】2021 年 12 月に、国土交通省と消費者庁は「住宅の品質確保の促進等に関する法律に基づく住宅性能表示制度」について、住宅性能表示基準を一部改正し、2022 年 4 月に一次エネルギー消費量等級の「等級 6」を新設し、さらには同年 10 月に建築物省エネ法の誘導基準の一次エネルギー消費性能を ZEH 水準に引き上げた。

次の説明文は、スマート化リフォームの進め方について述べたものである。
（ア）～（オ）に当てはまる最も適切な語句を解答欄の語群①～⑩から選択しなさい。

- 窓の断熱リフォームを（ア）による窓交換で行う場合、窓まわりの外壁補修を行う必要がなく、二階窓であっても室内施工のみのため足場が不要であり、サッシ職人だけで工事が可能である。
- 基礎断熱を行う場合は、床下は室内空間と同等の温熱環境とみなすため、基礎の床下換気口は（イ）。そこで地盤からの湿気対策のため、地盤に防湿フィルムを敷設し、防湿コンクリートを打つなどの施工が求められる。
- 屋根断熱では、屋根下地、断熱材、躯体に屋根材などを通じて湿気が侵入するのを防止するために、必ず屋根通気層を設置しなければならない。屋根通気層は、断熱材を施工したあと、（ウ）をかけて通気層を設ける。
- アイランド型とは、（エ）キッチンに用いられ、キッチンを四方の壁から離して島のように設置するレイアウトである。アイランド型にはアイランドⅠ列型、アイランドⅡ列型がある。
- 壁の断熱リフォームにあたり、木造軸組構造の充填断熱工法では、断熱性の低下を防ぐために外壁・（オ）と天井・床の取合い部に気流止めの施工を行う。

【語群】

① 設置しない
② はつり工法
③ オープン
④ 屋根下地
⑤ 独立型
⑥ カバー工法
⑦ 設置する必要がある
⑧ 通気垂木
⑨ 通気胴縁
⑩ 間仕切り壁

正解　（ア）⑥　（イ）①　（ウ）⑧　（エ）③　（オ）⑩

解説

- 窓の断熱リフォームを カバー工法 による窓交換で行う場合、窓まわりの外壁補修を行う必要がなく、二階窓であっても室内施工のみのため足場が不要であり、サッシ職人だけで工事が可能である。はつり工法は、窓まわりの外壁から入れ替えるため室外に足場を組むなど大掛かりな工事となる。
- 基礎断熱を行う場合は、床下は室内空間と同等の温熱環境とみなすため、基礎の床下換気口は 設置しない 。そこで地盤からの湿気対策のため、地盤に防湿フィルムを敷設し、防湿コンクリートを打つなどの施工が求められる。床下換気口を設置した場合は、床下は室外と同等の温熱環境となるため床断熱を行うことになる。
- 屋根断熱では、屋根下地、断熱材、躯体に屋根材などを通じて湿気が侵入するのを防止するために、必ず屋根通気層を設置しなければならない。屋根通気層は、断熱材を施工したあと、 通気垂木 をかけて通気層を設ける。通気胴縁は壁断熱の場合に必要な部材の呼称である。
- アイランド型とは、 オープン キッチンに用いられ、キッチンを四方の壁から離して島のように設置するレイアウトである。アイランド型にはアイランドⅠ列型、アイランドⅡ列型がある。独立型キッチンはクローズ型キッチンの別名で、キッチンがダイニングからは独立した部屋に置かれているキッチンプランである。
- 壁の断熱リフォームの留意事項は以下のとおりである。
  - リフォームで断熱材を選ぶときの基準として断熱材の熱抵抗値を参考にするが、性能の良い断熱材は高価な場合も多いため、予算と性能の両方を検討して使用する断熱材を選択する。
  - 内部結露を防止するため、防湿層、通気層の設置に留意する。
  - 施工法にあわせて、外壁・ 間仕切り壁 と天井・床の取合い部に、気流止めの施工を行う。全部位を外張断熱にした場合や、２×４工法、根太レス工法の場合は気流止めは必要がない。
    屋根下地は気流止めの設置場所とは無関係である。

（ア）～（オ）の説明文は、水回りのリフォームについて述べたものである。組み合わせ①～④のうち、説明の内容が誤っているものの組み合わせを１つ選択しなさい。

（ア）　洗面所は水ぬれや湿気が発生し、シロアリの発生や腐朽等の原因となるため、洗面所の壁と床には、耐水性のある下地材と防水上有効な仕上げ材を使用しなければならない。下地は耐水合板とし、壁には防水効果のある珪藻土クロス、床材には耐水フローリングや耐水性のあるセラミック製のクッションフロアなどを施工するのが基本である。

（イ）　システムバスは、断熱材を壁・床・天井に挿入し、箱状に一体成型して家の壁の中にはめ込む仕様であり、断熱性、気密性が良く熱が逃げにくいため、保温性に優れ、ヒートショック対策に有効である。

（ウ）　トイレのリフォームでは排水芯（排水管位置）がずれていることがあり、そのような場合に排水管の移設を行うと工期が長くなってしまう。そこでリフォーム対応の便器やアジャスター、ジョイントなどを使用することにより工期を短縮し、また工事費を削減することが可能である。

（エ）　水回り設備のリフォーム時に、老朽化した給湯配管を取り替えることがある。配管方式には先分岐方式とヘッダー方式があるが、一般的に先分岐方式のほうが湯待ち時間が短く、湯が冷めにくいとされ、省エネ効果が認められている。

（オ）　建築物省エネ法の建築物エネルギー消費性能基準で定義される節湯水栓は、「サーモスタット湯水混合水栓」、「ミキシング湯水混合水栓」、「シングルレバー湯水混合水栓」のいずれかで、かつ「手元止水機構を有する水栓」、「小流量吐水機構を有する水栓」または「水優先吐水機構を有する水栓」の１つ以上を満たしており、使用者の操作範囲内に流量調節部および温度調節部があるものを指す。

【組み合わせ】

① （ア）と（オ）
② （イ）と（エ）
③ （ウ）と（オ）
④ （エ）と（ア）

正解　④

解説

（ア）【×】「防水効果のある珪藻土クロス」、「セラミック製のクッションフロア」が誤りである。
洗面所は水ぬれや湿気が発生し、シロアリの発生や腐朽等の原因となるため、洗面所の壁と床には、耐水性のある下地材、防水上有効な仕上げ材を使用しなければならない。下地は耐水合板とし、壁には防水効果のあるビニルクロス、床材には耐水フローリングや耐水性のある塩化ビニル樹脂製のクッションフロアなどを施工するのが基本である。

（イ）【○】施主に浴槽の材質などへのこだわりがなければ、在来工法に対し優位性が高いシステムバスであるが、既存の出入り口の幅が狭くて、システムバスの部材が入らないという事態が起こり得るため、事前の現場調査で搬入可能であることを確認しておく必要がある。

（ウ）【○】排水芯のズレの補正については問題文の内容のとおりであるが、トイレの排水方式には壁排水と床排水の２方式があり、同じ方式のトイレにリフォームするのが基本である。方式の差はアジャスターで矯正できる範囲を超えることがほとんどであることから、注意が必要である。

（エ）【×】湯待ち時間が短く、湯が冷めにくい配管方式として省エネ効果が認められているのはヘッダー方式である。

（オ）【○】建築物省エネ法の「エネルギー消費性能基準（平成 28 年省エネ基準）」における節湯水栓の定義による。
なお、普及品として世の中に行き渡っている２バルブ湯水混合水栓は、他の形式に比べて湯温度調整が困難で、無駄な湯水の消費が増えるため節湯水栓の対象外である。

（ア）～（オ）の説明文は、省エネルギー住宅・リフォームのための建築基礎知識、住宅関連法規について述べたものである。
説明の内容が正しいものは①を、誤っているものは②を選択しなさい。

（ア）ツーバイフォー工法は、建築基準法上では枠組壁工法という。これは、断面寸法が2インチ×4インチなどの規格材を使用して枠をつくり、そこに構造用合板を打ち付けパネル化したものを床、壁、天井に使用して箱状に組み立て、一体化する壁式の工法である。

（イ）「住宅の品質確保の促進等に関する法律（品確法）」における住宅性能表示制度で定められた耐震等級の等級１とは、建築基準法で定められる耐震性能を最低限満たす水準である。

（ウ）区分所有法において、分譲マンションにおける共用部分とは、専有部分以外の建物の部分で、分譲マンションの所有者全員が共用する部分である。ただし、区分所有法で定められている共用部分以外であっても、管理規約で共用部分とすることができる。

（エ）消防法において、住宅用防災警報器は、住宅のすべての居室と台所、およびこれらの部屋に通ずる階段の天井、または壁への設置が義務づけられている。

（オ）有機リン系のシロアリ駆除剤に使われるクロルピリホスを含んだ建材は、建築基準法により、居室に使うことは禁じられているが、シロアリ被害が想定される住宅の床下部分のみには使うことができる。

正解　（ア）①　（イ）①　（ウ）①　（エ）②　（オ）②

解説

（ア）【○】ツーバイフォー工法は、建築基準法上では枠組壁工法という。問題文どおりであり、床、壁、天井が一体となった６面体構造で気密性が良く、外圧を面で受け止めるため耐震性がある。規格材は、断面寸法２インチ×４インチ（２×４材）以外に２×６材、２×８材、２×10材などが使われる。

（イ）【○】「住宅の品質確保の促進等に関する法律（品確法）」の住宅性能表示制度で定められた耐震等級で、等級１とは、建築基準法（建築基準法施工令第88条第２項および第３項）で定められる耐震性能を最低限満たす（１倍）水準である。

（ウ）【○】区分所有法において、分譲マンションにおける共用部分とは、専有部分以外の建物の部分で、分譲マンションの所有者全員が共用する部分であり、エントランス、廊下、階段、エレベーター、ベランダ（バルコニー）、駐車場、外壁、集会場などである。また、区分所有法第４条第２項に、対象となる「建物の部分及び附属の建物は、規約により共用部分とすることができる。」とされている。

（エ）【×】消防法および関連法令において、住宅用防災警報器は、すべての寝室と寝室階から直下階に通ずる階段などの天井、または壁への設置が義務づけられている。なお、台所やその他の箇所については、消防法および関連法令では義務づけられてはいないが、市町村条例により台所への設置を義務づけているところもある。

（オ）【×】有機リン系のシロアリ駆除剤に使われるクロルピリホスを含んだ建材は、建築基準法により、居室がある住宅すべての箇所に使うことが禁じられている。

（ア）～（オ）の説明文は、HEMS および IoT に関連する事項について述べたものである。
組み合わせ①～④のうち、説明の内容が誤っているものの組み合わせを1つ選択しなさい。

（ア）エネルギーマネジメントにおいて、重要な役割を担う創エネルギー・蓄エネルギー・省エネルギー機器として、重点8機器という機器群がある。この重点8機器には照明器具、給湯器は含まれていない。

（イ）スマートハウスにおけるシステムを設計（構成）するにあたり、システムとしての安全性、信頼性を実現する考え方の一つに「フェールセーフ：fail safe」がある。これは、一般的には、機器やシステムは必ず故障または不具合が発生するという前提で考え、故障または不具合が発生しても、人やモノに危害を与えないように事前に配慮しておくことである。

（ウ）無線 LAN（Local Area Network）とは、通信距離が 100m 程度の通信方式で構築されるネットワークであり、主な無線方式に Wi-Fi がある。

（エ）ECHONET Lite 規格は、機器制御に関わる内容のみを規格の対象としており、多くのメーカーが容易に実装できることが特徴である。ただし、機器接続の際に重要となる通信アドレスは、ECHONET Lite 専用のアドレスを利用することが必要である。

（オ）エネルギー計測ユニットの据え付け・施工は、分電盤での配線工事を伴うことから第二種電気工事士の資格が必須である。

【組み合わせ】

① （ア）と（オ）
② （イ）と（エ）
③ （ウ）と（オ）
④ （エ）と（ア）

正解　④

解説

（ア）【×】重点８機器は、スマートメーター、太陽光発電、蓄電池、燃料電池、電気自動車充電器 / 充放電器、エアコンに加え、照明器具、給湯器も含まれている。特に給湯器はエコキュートをはじめ貯湯タンクを活用したエネルギーシフト制御などへの利活用が進んでいる。

（イ）【〇】問題文の考え方は「フェールセーフ：fail safe」で正しい。他にも「フールプルーフ：foolproof」という、人がミスをしようとしてもできないようにする工夫であり、使用方法を知らないもしくは間違った使い方をしても大事に至らないような設計の考え方もある。いずれもシステム設計において重要な考え方である。

（ウ）【〇】Wi-Fi は無線 LAN（Local Area Network）に該当する。また無線 PAN（Personal Area Network）は通信距離が 10 m から 20 m 程度であり、主な通信方式は Bluetooth、Zigbee などがある。

（エ）【×】ECHONET Lite 規格は、機器制御に関わる内容のみを規格の対象としており、多くのメーカーが容易に実装できることが特徴である。また、機器接続の際に重要となる通信アドレスについては、通信規格として新たに定義するアドレスを必要とせず、既に一般的に使用されている IP アドレス（もしくは伝送メディアの MAC アドレス）を利用することとしている。さらには、通信手段としての Wi-Fi、Bluetooth や有線 LAN などの伝送メディアについても既に規格化された通信仕様を採用し、機器制御に関わる内容のみを規格の対象としている点が ECHONET Lite 規格の最大の特徴である。

（オ）【〇】エネルギー計測ユニットの据え付け・施工は、分電盤での配線工事を伴うことから、電気設備や作業の安全を守って工事ができるよう、国家資格の第二種電気工事士の資格取得が必須である。

①～④の説明文は、住宅用太陽光発電システムおよびエネファーム（家庭用燃料電池コージェネレーションシステム）について述べたものである。説明の内容が誤っているものを１つ選択しなさい。

① 太陽光発電などの再生可能エネルギーの発電コストが、既存の系統電力コスト（電気料金、発電コストなど）と同等であるか、それより安価になることをスマートグリッドという。

② 太陽電池の発電電力は、電圧（V）と電流（A）の積であるが、この発電電力が常に最大になるように、最大電力点を追従する機能を MPPT 機能という。

③ エネファームのなかには、発電中であればたとえ停電したとしても、停電前の発電開始から最大で PEFC では８日間、SOFC ではメーカーにより異なるが、さらに長期間発電を継続し、一定量の電気と湯を使用できるものがある。ただし、貯湯ユニットのタンクに湯が満タンになると、発電を停止するため注意する必要がある。

④ エネファームは、本体、配管、配線経路などの設置スペース、点検などのために十分なメンテナンススペースが必要である。また、引火による火災の原因になることも想定されることから、一般的には屋外設置型の機器と考えてよい。設置する際は、ガス類容器や引火物の近く、および洗濯の物干し場など燃えやすいものがある場所を避け、工事説明書などで指定された防火上の離隔距離を確保する必要がある。

正解 ①

解説

① 【×】再生可能エネルギーの発電コストが、既存の系統電力コストと同等であるか、それより安価になることをグリッドパリティという。「グリッド＝送電網」が「パリティ＝同等」という意味である。スマートグリッドとはITと蓄電池の技術を活用し、従来コントロールを行うことが困難であった需要サイドを含め、電力の需給管理を行う技術のことである。

② 【〇】太陽電池の発電電力は、電圧（V）と電流（A）の積である。太陽電池パネル温度の変化や、天候による照度変化により積の値は変化するため、常に電圧×電流の積が最大化するように追従する機能を最大動作点追従制御（MPPT: Maximum Power Point Tracking）機能という。低照度になると電流値が低下し、太陽電池パネルが高温になると電圧値が低下するというように、これらはいずれも発電電力を低下させる要因となり、最大電力点は常に変化している。

③ 【〇】近年、日本各地で自然災害に伴う大規模停電が発生しており、エネファームの停電時発電機能によって、停電中も携帯電話の充電、冷蔵庫、洗濯機、扇風機など一部の家電や、湯を使えたことから、エネファームはその高い省エネ・省CO2性能だけでなく、災害による停電時におけるレジリエンス（強じん性）にも注目が集まっている。

④ 【〇】設置には、各製品の工事説明書などで指定されている防火上の離隔距離を確保する必要がある。

（ア）～（オ）の説明文は、住宅用リチウムイオン蓄電システムおよび関連する事項について述べたものである。
説明の内容が正しいものは①を、誤っているものは②を選択しなさい。

（ア）蓄電システムでは、蓄電池に蓄えられた電力を実際に家庭で使用する際には、通常、直流から交流に変換して使用するため、変換ロスなどの損失により、実際に使用できる電力量は定格容量より少なくなる。VPP などにおいては、この「実際に使用できる電力量」すなわち直流側の出力容量（実効容量）の把握が必要である。

（イ）系統連系タイプの住宅用リチウムイオン蓄電システムは、自宅の分電盤にあらかじめ配線工事をしたうえで、電力系統に接続して使用することができる。これには、停電時に特定の電気機器を指定して電気を供給する特定負荷タイプに加え、すべての電気機器に接続して電気を供給する全負荷タイプもある。

（ウ）蓄電システムは多くの電気をためられるように、蓄電池が複数集まってできている。蓄電池の最小単位は、円筒形、角形などの形をしており、「モジュール」と呼ばれる。この「モジュール」を複数組み合わせて「セル」と呼ばれるかたまりを構成している。

（エ）蓄電システムには、通常のコンセントにつないで使用する系統連系機能のないタイプと、配線工事をして据え付けで使用する系統連系機能のあるタイプの２種類がある。電力会社への届出が必要なのは、系統連系機能のあるタイプだけである。

（オ）リチウムイオン蓄電池の劣化速度は、温度環境、充放電の回数や日常の使い方によって大きく変わるが、一般的に寿命は年数ではなく、充放電回数で表される。通常、リチウムイオン蓄電池の場合、数百万サイクルの充放電が可能である。

正解　（ア）②　（イ）①　（ウ）②　（エ）①　（オ）②

解説

（ア）【×】蓄電システムでは、蓄電池に蓄えられた電力を実際に家庭で使用する際には、通常、直流から交流に変換して使用するため、変換ロスなどの損失により、実際に使用できる電力量は定格容量より少なくなる。今後展開が予想されるVPP（Virtual Power Plant）などにおいては、この「実際に使用できる電力量」すなわち交流側の出力容量（実効容量）の把握が必要となる。問題文では「直流側」の出力容量となっており誤りである。

（イ）【○】系統連系タイプの住宅用リチウムイオン蓄電システムは、自宅の分電盤にあらかじめ配線工事をしたうえで、電力系統に接続して使用する。設置するには分電盤と接続するための電気工事のほかに、電力会社への届出が必要となる。なお、系統連系タイプには、停電時に特定の電気機器を指定して電気を供給する特定負荷タイプに加え、すべての電気機器に接続して電気を供給する全負荷タイプもある。

（ウ）【×】蓄電池の最小単位は、「セル」と呼ばれる。また、「セル」を複数組み合わせて「モジュール」と呼ばれるかたまりを構成している。「セル」、「モジュール」が逆になっており、誤りである。

（エ）【○】系統連系機能のある蓄電システムを設置する場合は電力会社へ「系統連系申請書」を提出して、系統連系の許可を得る必要がある。また、ハイブリッドタイプの蓄電システムのパワーコンディショナは、太陽電池パワーコンディショナの機能も搭載しているため、「設備認定申請書」の提出もあわせて必要となる。

（オ）【×】リチウムイオン蓄電池の寿命は、年数ではなく充放電回数で表されるが、その充放電回数は一般的に数千サイクルである。1日1サイクルで10～15年間充放電すると数千サイクルとなり、数百万サイクルは誤りである。

(ア)～(オ)の説明文は、創蓄連携システムおよび関連する事項について述べたものである。
説明の内容が正しいものは①を、誤っているものは②を選択しなさい。

（ア） 創蓄連携システムでは、太陽光発電システムの出力を交流に変換せず、直流で充電している。

（イ） 創蓄連携システムの運転モードで、晴れた日の昼間に、太陽光発電システムで発電した電気を使いながら、余った電気を蓄電システムに蓄電し、さらに余れば売電する運転モードは、電力の自家消費を促進することにつながっている。

（ウ） V2H システムにおいて、電気自動車（EV）から家庭内に給電する V2H 充放電機器自体は、一般的に蓄電機能を備え持つ。

（エ） 電気自動車やプラグインハイブリッド自動車（PHV）などの電動車の蓄電池は、住宅用蓄電池として利用することによって、大容量蓄電システムを構築できるメリットがある。

（オ） 自立運転時に 200V 出力に対応できる V2H 充放電機器は、扱える電流容量が小さいため、非常時では全負荷対応で使用することができない。

正解 （ア）① （イ）① （ウ）② （エ）① （オ）②

解説

（ア）【○】創蓄連携システムでは、太陽光発電システムの電気を交流に変換せずに直流で直接充電している。そのため、交流への変換ロスがなく電気を有効に使うことができる。

（イ）【○】このような運転モードは、自給自足（環境優先、グリーン）モードと呼ばれる。電力会社から買う電気をできるだけ減らし、自給自足を目指すことができるものである。

（ウ）【×】EV や PHV が装備する蓄電池などに蓄えた電力を家庭用電力として利用することを Vehicle to Home（V2H）と呼ぶ。V2H 充放電機器自体には蓄電機能はない。V2H 充放電機器には、大きく系統連系型と非系統連系型の２種類があるが、系統連系型が主流である。

（エ）【○】V2H システムにおいて、電動車は大容量の蓄電池を搭載しているため、大容量システムを構築することができる。例えば、現在市販の住宅用蓄電システムのリチウムイオン蓄電池容量は 16kWh 程度が最大値なのに比べ（火災予防条例に基づく 4800Ah・セル未満の制約による）、EV に搭載されているリチウムイオン蓄電池容量は 24 ～ 62kWh と大容量である。

（オ）【×】自立運転時 200V 出力対応の V2H 充放電機器では、扱える電流容量が小さいことはなく、非常時でも全負荷対応は可能である。電力会社からの給電が途絶えた場合に V2H 充放電器から宅内の V2H 切替器を経由して、電動車の蓄電池電力を全負荷対応型の屋内分電盤に給電することで、全室給電が可能となる。

（ア）～（オ）の説明文は、エコキュートおよび関連する事項について述べたものである。
組み合わせ①～④のうち、説明の内容が誤っているものの組み合わせを１つ選択しなさい。

（ア）　小売事業者表示制度における温水機器の統一省エネラベルは、エネルギー種別（電気・ガス・石油）ごとの多段階評価点が表示されているため、エネルギー種別の異なるエコキュートとガス温水機器、石油温水機器との省エネ性能についての比較はできない。

（イ）　JISに基づく「年間給湯効率」は、１年を通してエコキュートを運転し、台所・洗面所・ふろ（湯はり）・シャワーで給湯した分の給湯熱量を１年間に必要な消費電力量で割って算出する。

（ウ）　エコキュートの設置にあたっては、最低気温が－10℃までの地域に設置する場合は「一般地仕様」でよいが、最低気温が－10℃未満の地域では、「寒冷地仕様」を選ぶ必要がある。

（エ）　エコキュートには、太陽光発電システムの余剰電力を有効活用できる連携機能をもつ製品がある。この製品では、翌日の天気予報と過去の太陽光発電システムの発電実績から、AIを活用して翌日の発電量を予測し、エコキュートの沸き上げタイミングを最適化している。

（オ）　エコキュートのヒートポンプユニットの運転音は、中間期（春期、秋期）と夏期の運転音を区分してカタログなどに表示されている。実際の据え付け状態では、カタログの数値より小さくなるのが一般的である。

【組み合わせ】

① （ア）と（オ）
② （イ）と（オ）
③ （ウ）と（エ）
④ （エ）と（ア）

正解 ①

解説

（ア）【×】小売事業者表示制度における統一省エネラベルが2021年から変わり、温水機器の統一省エネラベルができた。これにより、エネルギー種別（電気・ガス・石油）を問わない横断的な多段階評価点と、年間目安エネルギー料金が表示され、消費者がエコキュートを購入するときに、温水機器全体で省エネ性能やランニングコストを一目で比較できるようになっている。

（イ）【○】年間給湯効率の適用機種は、ふろ保温機能がないセミオートタイプ・給湯専用タイプである。ふろ保温機能があるフルオートタイプには、年間給湯保温効率が適用される。

（ウ）【○】寒冷地であるかどうかに加えて、塩害地（海浜地区で潮風が直接あたる場所）では、防錆・防腐処理した耐塩害仕様、耐重塩害仕様品を選ぶ必要がある。なお、温泉地帯などの特殊な場所では、機器が故障するおそれがあるため、使用しないほうがよい。

（エ）【○】ほかにも、電力会社が提供する特定の電気料金メニューに合わせて、昼間時間帯に主な沸き上げ運転を行うことで、家庭での電気の自家消費を促進する、太陽光自家消費促進形家庭用ヒートポンプ給湯機「おひさまエコキュート」と呼ばれる製品も販売が開始されている。

（オ）【×】ヒートポンプユニットの運転音は、中間期（春期、秋期）と冬期の運転音を区分して表示されている。実際の据え付け状態では、周囲の騒音や反響を受け、カタログの数値より大きくなるのが一般的である。

(ア)～(オ)の説明文は、換気設備について述べたものである。
組み合わせ①～④のうち、説明の内容が誤っているものの組み合わせを1つ選択しなさい。

（ア） 季節や天候などの状況によって、外気はちりや花粉など住宅内に取り込みたくない物質を含んでいることから、一般的に機械給気では、フィルターを換気扇本体に組み込むなどして、外気の汚れなどが住宅内へ侵入することを抑制している。

（イ） 第２種換気（強制排気型）は、排気を機械換気で強制的に行い、給気を自然換気で行う換気方式であり、台所や浴室などニオイや熱気の出るところに多く採用されている。

（ウ） 熱交換型換気扇には、全熱交換器と顕熱交換器がある。給気と排気が熱交換器を通過する際に、湿度（潜熱）を熱交換しない顕熱交換器と比べ、温度（顕熱）と湿度（潜熱）の熱交換を行う全熱交換器のほうが、一般的に冷暖房の熱ロスが少ない換気ができる。

（エ） ガスコンロから上昇する油煙をできるだけ低い位置で捉えるために、熱源とレンジフードファンのファンユニット（プロペラファン、シロッコファンとも）の下端までの離隔距離は 70cm 以内となるように据え付ける必要がある。

（オ） 住宅全体をひとつの空間として捉えた全体換気をする場合、トイレスペースの換気は、臭気対策用としての一時的な大風量と、24 時間換気としての小風量の両方を考慮する必要がある。

【組み合わせ】

① （ア）と（イ）
② （イ）と（エ）
③ （ウ）と（オ）
④ （エ）と（オ）

正解 ②

解説

（ア）【○】機械給気では一般的にフィルターを組み込むことで、外気からちりや花粉などの侵入を抑制している。一方、機械排気のみの場合は室内が負圧となり、隙間からちりや花粉などが侵入しやすくなる。

（イ）【×】強制排気型は第３種換気である。第２種換気（強制給気型）は給気を機械換気で強制的に行い、排気を自然換気で行うことから室内が正圧になり、スキマからちりや花粉などが侵入しにくいため、クリーンルームや病院内の手術室などに多く採用されている換気方式である。

（ウ）【○】湿度（潜熱）と温度（顕熱）を熱交換する全熱交換器のほうが、一般的に冷暖房の熱ロスが少ない換気ができる。温度差の大きい冬場よりも温度差の小さい夏場のほうが、湿度（潜熱）の影響が大きくなり、効果の差が大きくなる。

（エ）【×】安全上の観点から熱源とレンジフードファンのグリスフィルター下端までの離隔距離は 80cm 以上となるようにする必要がある。なお、調理油過熱防止装置付コンロや特定安全電磁誘導加熱式調理器では、60cm 以上と別途定められている。

（オ）【○】トイレに設置した換気扇で住宅全体を換気する場合は、24 時間換気としての小風量とトイレの臭気対策用としての一時的な大風量の両方を考慮する必要がある。また換気経路を考慮した扉の通風孔や給気口も考慮する必要がある。

次の説明文は、スマートハウスに関連する政策、社会環境、技術などについて述べたものである。
（ア）～（オ）に当てはまる**最も適切な語句**を解答欄の語群①～⑩から選択しなさい。

- （ア）とは、2015年の国連サミットで採択された、2030年までに持続可能でよりよい世界を目指すための国際目標である。この（ア）は、17個の目標、169のターゲット、（重複を除く）232の指標から構成されており、「誰一人取り残さない」持続可能で多様性と包摂性のある社会の実現を目指している。

- AI（Artificial Intelligence）における機械学習の手法の一つに、（イ）がある。この（イ）により、コンピューターがパターンやルールを発見するうえで何に着目するかを自ら抽出することが可能となり、それらをあらかじめ人が設定していない場合でも、識別などが可能になったとされている。

- 2021年に開催された国連気候変動枠組条約第26回締約国会議（COP26）では、パリ協定で掲げられていた「今世紀後半までに世界の平均気温上昇を、産業革命以前と比べて2.0℃より十分低く保ち1.5℃に抑える努力をする」という目標に対し、最終的に気候変動対策の基準が（ウ）℃に事実上設定されることとなった。

- （エ）とは、企業による再生可能エネルギー100%宣言を可視化するとともに、再生可能エネルギーの普及を目指す国際ビジネスイニシアティブである。

- （オ）では、地域の「暮らしや社会」、「教育や研究開発」、「産業や経済」をデジタル基盤の力により変革し、「大都市の利便性」と「地域の豊かさ」の融合を目指している。

【語群】

① DX（デジタルトランスフォーメーション）	② 2.0
③ ESG	④ SDGs（エス・ディー・ジーズ）
⑤ データマイニング	⑥ RE100
⑦ ディープラーニング（深層学習）	⑧ GX（グリーントランスフォーメーション）リーグ基本構想
⑨ デジタル田園都市国家構想	⑩ 1.5

正解　（ア）④　（イ）⑦　（ウ）⑩　（エ）⑥　（オ）⑨

解説

- 日本においても内閣総理大臣を本部長とした「持続可能な開発目標（SDGs）推進本部」を設置しており、SDGs（エス・ディー・ジーズ）達成に貢献するためのさまざまな施策を打ち出している。DX（デジタルトランスフォーメーション）の推進も施策の一つとなっている。なお、DXとは「企業がビジネス環境の激しい変化に対応し、データとデジタル技術を活用して、顧客や社会のニーズをもとに、製品やサービス、ビジネスモデルを変革するとともに、業務そのものや、組織、プロセス、企業文化・風土を変革し、競争上の優位性を確立すること」と定義されている（出典：DX推進ガイドライン（経済産業省））。
- AI（Artificial Intelligence）における機械学習の手法の一つに、ディープラーニング（深層学習）がある。このディープラーニング（深層学習）により、コンピューターがパターンやルールを発見するうえで何に着目するかを自ら抽出することが可能となり、それらをあらかじめ人が設定していない場合でも、識別などが可能になったとされている。なお、データマイニング（Data mining）とは、大量のデータを統計学や人工知能などの分析手法を駆使して、情報（データ）から有益なものを採掘（マイニング）する技術である。
- 2021年に開催された国連気候変動枠組条約第26回締約国会議（COP26）では、パリ協定で掲げられていた「今世紀後半までに世界の平均気温上昇を、産業革命以前と比べて2.0℃より十分低く保ち1.5℃に抑える努力をする」という目標に対し、最終的に気候変動対策の基準が1.5℃に事実上設定されることとなった。なお、この合意内容は「グラスゴー気候合意」としてとりまとめられている。
- RE100（Renewable Energy 100%）とは、企業による再生可能エネルギー100%宣言を可視化するとともに、再生可能エネルギーの普及を目指す国際ビジネスイニシアティブである。なお、ESGとは環境（Environment）、社会（Social）、ガバナンス（Governance）の頭文字を取ってつくられた用語である。気候変動問題や人権問題などの世界的な社会課題が顕在している中、企業が長期的に成長するためには、経営においてESGの3つの観点が必要だという考え方である。
- デジタル田園都市国家構想では、地域の「暮らしや社会」、「教育や研究開発」、「産業や経済」をデジタル基盤の力により変革し、「大都市の利便性」と「地域の豊かさ」の融合を目指している。なお、GX（グリーントランスフォーメーション）リーグ基本構想とは、GXに積極的に取り組む「企業群」が、官・学・金でGXに向けた挑戦を行うプレイヤーとともに、一体となって経済社会システム全体の変革のための議論と、新たな市場の創造のための実践を目指したものである。

①〜④の説明文は、日本のエネルギー政策および関連する事項について述べたものである。
説明の内容が誤っているものを１つ選択しなさい。

① 現行のエネルギー供給強靱化法（強靱かつ持続可能な電気供給体制の確立を図るための電気事業法の一部を改正する法律）によって改正された電気事業法において、特定の大規模発電設備のみから一定程度の電力供給量を確保し、「回復力」として小売電気事業者に提供する事業者として、アグリゲーターが位置づけられた。

② 電力の供給力を積み増す代わりに、供給状況に応じて賢く消費パターンを変化させることで、需給バランスを一致させようとする取り組みを「ディマンドリスポンス（DR）」という。

③ VPP とは、各地域・各需要家に分散している創エネ・蓄エネ・省エネの各エネルギーリソース（太陽光、蓄電池、ディマンドリスポンスなど）を IoT の活用により統合制御し、あたかもひとつの発電所のように機能させることを意味する。

④ 改正電気事業法（2020 年 6 月公布）では、「電気計量制度」を合理化し、条件によっては計量法の規定を一部適用除外できるとする特定計量制度が創設された。一定の基準を満たした場合には、電気自動車充放電設備で計量した「電気自動車の充放電量」を電力取引に活用できることになる。

正解 ①

解説

① 【×】問題文中において、「特定の大規模発電設備のみから一定程度の電力供給量を確保し、「回復力」として」の箇所が誤りであり、「分散型電源を束ねて一定程度の電力供給量を確保し、「供給力」として」が正しい。
つまり、正しくは、「現行のエネルギー供給強靭化法（強靭かつ持続可能な電気供給体制の確立を図るための電気事業法の一部を改正する法律）によって改正された電気事業法において、分散型電源を束ねて一定程度の電力供給量を確保し、「供給力」として小売電気事業者、一般送配電事業者、配電事業者または特定送配電事業者に提供する（エネルギーサービスを提供する）事業者として、特定卸供給事業者（アグリゲーター）が位置づけられた。」となる。

② 【○】「ディマンドリスポンス（DR)」とは、需要家側エネルギーリソースの保有者もしくは第三者が、そのエネルギーリソースを制御することで、需給バランスを一致させるために電力需要パターンを変化させることである。DRは、需要制御のパターンによって、需要を減らす（抑制する）「下げDR」、需要を増やす（創出する）「上げDR」の２つに区分される。

③ 【○】分散型のエネルギーリソース一つ一つは小規模だが、IoTを活用した高度なエネルギーマネジメント技術によりこれらを束ね、遠隔・統合制御することで、電力の需給バランス調整に活用することができる。この仕組みは、あたかも一つの発電所のように機能することから、「仮想発電所：バーチャルパワープラント（VPP)」と呼ばれている。

④ 【○】エネルギー供給強靭化法のうちの、改正電気事業法（2020年6月公布）では、「電気計量制度」を合理化し、条件によっては計量法に基づく検定を受けない計量器の使用を可能とする規定（特定計量制度）が創設された（2022年4月施行)。本制度の概要や要件等については、経済産業省資源エネルギー庁のホームページに掲載の「特定計量制度に係るガイドライン」を参照のこと。

(ア)～(オ)の説明文は、日本のエネルギー政策の現状と今後および関連する事項について述べたものである。
組み合わせ①～④のうち、説明の内容が誤っているものの組み合わせを1つ選択しなさい。

（ア）日本のエネルギー政策の原則であるS+3Eとは、安全性（Safety）を大前提としたうえで、エネルギーの安定供給（Energy Security）、経済効率性の向上（Economic Efficiency）による低コストでのエネルギー供給、温室効果ガス削減目標を掲げた環境適合（Environment）を同時に実現するために、最大限の取り組みを行うことである。

（イ）水力発電は、河川などの高低差を活用して水を落下させ、その際のエネルギーで水車を回して電気を起こす仕組みである。日本国内においては、農業用水路や上水道施設でも発電できる中小規模タイプは既に開発しつくされ、ポテンシャルが低いという課題がある。

（ウ）2030年度におけるエネルギー需給見通しでは、2050年カーボンニュートラル実現を踏まえ、電源構成における再生可能エネルギー比率は、36%～38%程度に目標設定されており、そのうち太陽光発電は14%～16%程度と一番高い構成比となっている。

（エ）2050年のカーボンニュートラル実現を目指し、政府は「2050年カーボンニュートラルに伴うグリーン成長戦略（以下、グリーン成長戦略）」という産業政策を策定した。このグリーン成長戦略では、成長が期待される産業（14分野）のひとつとして、洋上風力産業を成長戦略として育成していく方針を示している。

（オ）再生可能エネルギーとは、太陽光、風力、水力、地熱などの自然エネルギーのことをいう。バイオマス（動植物などの生物資源）は、再生可能エネルギーに該当していない。

【組み合わせ】

① （イ）と（ウ）
② （ウ）と（オ）
③ （エ）と（ア）
④ （オ）と（イ）

正解 ④

解説

（ア）【○】S（安全性）に配慮しつつ、3Eではそれぞれ2030年度目標が以下のとおり設定されている。安定供給：エネルギー自給率30%程度（2019年度12.1%）、経済効率性：電力コスト低減（2013年度の9.7兆円を下回る8.6～8.8兆円）、環境適合：温室効果ガス46%削減。

（イ）【×】水力発電は、農業用水路や上水道施設でも発電できる中小規模タイプは分散型電源としてのポテンシャルが高く、多くの未開発地点が残っている。なお、日本における水力発電の導入ポテンシャル（包蔵水力）は、経済産業省の試算によると約1200万kWあると推計されており、世界5位である。包蔵水力の８割以上となる986万kWを３万kW未満の中小水力が占めることから、中小水力の導入拡大が期待されている。（出典：内閣府Webサイト https://www8.cao.go.jp/kisei-kaikaku/kisei/conference/energy/20210524/agenda.html）

（ウ）【○】太陽光発電は14%～16%程度で構成比第１位、第２位の水力発電は11%程度に目標設定されている。

（エ）【○】風力発電に対する期待値は非常に高く、資源エネルギー庁の2030年度におけるエネルギー需給見通しでは、電源構成の風力発電割合を2019年度0.7%から2030年度5%程度と７倍以上の増加を目指している。

（オ）【×】再生可能エネルギーとは、太陽光、風力、水力、地熱などの自然エネルギーやバイオマスなどのリサイクルエネルギーを使って、永続的に利用できるエネルギーのことをいう。

(ア)～(オ)の説明文は、家自体の省エネルギーおよび関連する事項について述べたものである。
説明の内容が正しいものは①を、誤っているものは②を選択しなさい。

(ア) 建築物省エネ法の省エネ基準では、建物全体の省エネ性能を分かりやすく把握できる指標として、「一次エネルギー消費量」を採用・評価している。一次エネルギー消費量とは、住宅や建築物で消費するエネルギーを熱量換算したもので、単位にはMJまたはGJが使用されている。

(イ) 外皮とは、建物の外気に接する屋根、天井、壁、開口部、床、土間床、基礎などの熱的境界となる部分をいう。
下図の場合であれば、外気に通じている小屋裏の屋根（下図の屋根B、屋根C）は外皮にあたる。

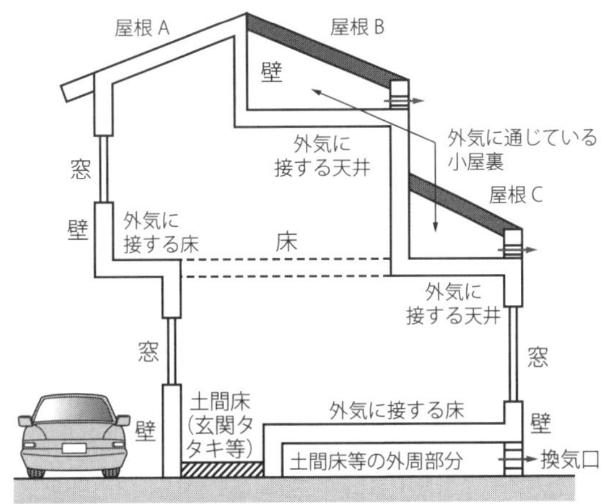

(ウ) 建築物省エネ法に基づく誘導措置は、建築主等に自主的に省エネ性能の向上の促進を誘導するための措置として、「性能向上計画認定・容積率特例制度」及び「基準適合認定・表示制度」の2つの認定制度がある。

(エ) 「冷房期の平均日射熱取得率」は、窓から直接侵入する日射による熱と、窓以外からの屋根・天井・外壁等からの熱伝導により侵入する熱を評価した冷房期の指標である。「冷房期の平均日射熱取得率」の値が小さいほど日射が入りにくく、遮蔽性能が高い。

(オ) BELSとは「建築物省エネルギー性能表示制度」のことであり、国土交通省のガイドラインに基づき、一般社団法人住宅性能評価・表示協会が運営する第三者認証制度の一つである。新築の住宅・建築物を対象として、省エネ性能等に関する評価や認定、表示を行うもので、既存住宅は対象とならない。

正解　（ア）①　（イ）②　（ウ）①　（エ）①　（オ）②

解説

（ア）【○】我々が生活するうえで使用するエネルギーは電気、ガス等の二次エネルギーである。電気はkWh、灯油はℓ、都市ガスはm^3というようにそれぞれ異なる単位で使用されており、同一単位でないため建物全体のエネルギー消費量を算出することができない。そこで、建築物省エネ法施行規則で定められた「一次エネルギー換算係数」をそれぞれの二次エネルギーに乗じて一次エネルギー（原油）に換算して同じ単位にすることにより、建物全体で消費されるエネルギー量を求めることができる。

（イ）【×】「外気に通じている小屋裏の屋根（屋根B、屋根C）は外皮にあたる」が誤りである。
外気に通じている小屋裏の屋根（屋根B、屋根C）は、ここでいう外皮にはあたらない。外皮は下図の網掛け部分である。

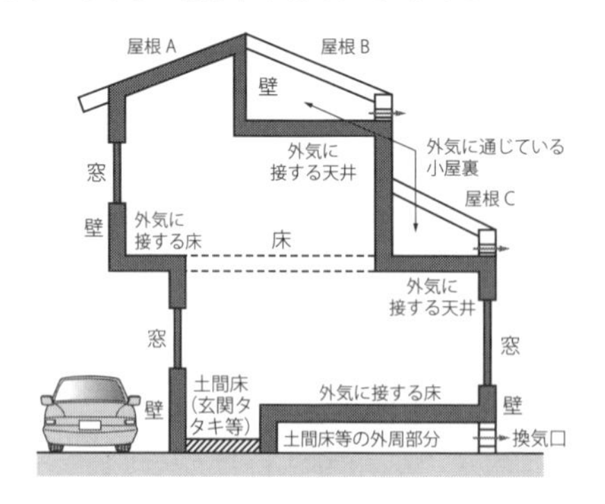

（ウ）【○】建築物省エネ法に基づく誘導措置は、建築主等に自主的に省エネ性能の向上の促進を誘導するための措置として、「性能向上計画認定・容積率特例制度」及び「基準適合認定・表示制度」の２つの認定制度がある。一方、建築物省エネ法の規制措置の対象は、「適合義務制度」、「届出義務制度」、「説明義務制度」、「住宅トップランナー制度」の４つである。

（エ）【○】冷房期の平均日射熱取得率はηacの記号で書き表され、単位日照強度当たりの冷房期の日射熱取得量mCを外皮の部位の面積の合計ΣAで割り100を乗じた数値である。建築物省エネ法上の地域区分の５地域から８地域に適用され、例えば東京23区（６地域）であれば2.8以下であることが求められる。

（オ）【×】「既存住宅は対象とならない」が誤りである。
BELSとは「建築物省エネルギー性能表示制度」のことであり、国土交通省のガイドラインに基づき、一般社団法人住宅性能評価・表示協会が運営をしている第三者認証制度の一つである。新築・既存のすべての住宅・建築物を対象として、省エネ性能等に関する評価や認定、表示を行うものである。

（ア）～（オ）の説明文は、家自体の省エネルギーおよび関連する事項について述べたものである。
説明の内容が正しいものは①を、誤っているものは②を選択しなさい。

（ア）　断熱ドアの扉本体は、熱伝導率の高い材料を充填した金属製断熱フラッシュ構造等に複層ガラス等を組み込んだものである。玄関ドアの断熱仕様のタイプは、製品によってＫ２、Ｋ３、Ｋ４または、Ｄ２、Ｄ３、Ｄ４の仕様に分けられており、どちらも数値が大きいほど断熱性能が高いことを表している。

（イ）　断熱工法は、基本的に住宅の構造によって使い分けを行う。木造または鉄骨造の場合は「充填断熱工法」、「外張断熱工法」、充填断熱と外張断熱を組み合わせた「付加断熱工法（複合断熱工法）」がある。また、鉄筋コンクリート造の場合は「外張断熱工法」、「内張断熱工法」が用いられる。

（ウ）　通気層は、壁体内に侵入した水蒸気が滞留しないように外気に逃がすための空間として設け、充填断熱工法、外張断熱工法ともに設置することが必須である。通気層は屋根または外壁等の断熱層の外側に設け、入り口から出口まで寸断されることなく通気可能な空間を確保するように設置する必要がある。

（エ）　アルミ樹脂複合サッシは、屋外側にアルミを配し、室内側に樹脂材を組み合わせた構造である。屋外にアルミを配することで耐候性、耐久性、紫外線、腐食、錆びに強く、防火性がある。室内側に樹脂材を使うことで、アルミ材のみのサッシより断熱性が向上する。

（オ）　「日射取得型」Low-E複層ガラスは、断熱だけでなく遮熱も重視するため、下図のようにLow-E金属膜が複層ガラスの中空層の室外側のガラス表面にコーティングされており、ガラスの日射熱取得率が0.49以下のものを指す。この構造と数値の条件により、夏期に日射遮熱効果を発揮して冷房負荷を低減させ、冬期は室内の熱を逃がさず暖房負荷を軽減させている。

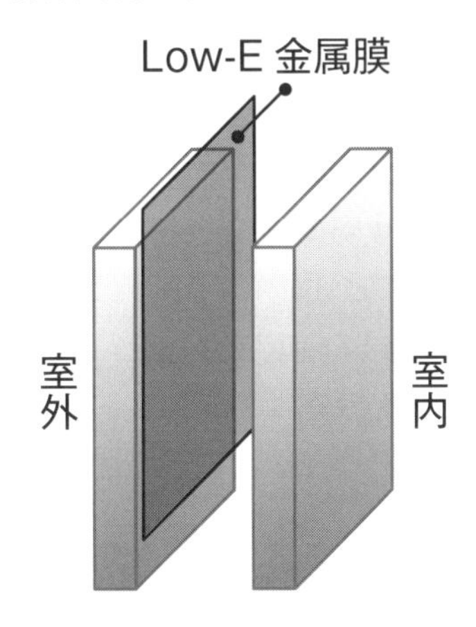

正解 （ア）② （イ）① （ウ）① （エ）① （オ）②

解説

（ア）【×】「熱伝導率の高い材料」「数値が大きいほど断熱性能が高いことを表している」が誤りである。
断熱ドアは、断熱性がある樹脂製や金属製の枠および熱遮断部材を用い、扉本体はウレタン等の熱伝導率の低い断熱材を充填した金属製断熱フラッシュ構造等に複層ガラスやLow-E複層ガラスを組み込んだものである。玄関ドアの断熱仕様のタイプは、製品によってＫ２、Ｋ３、Ｋ４または、Ｄ２、Ｄ３、Ｄ４の仕様に分けられており、どちらも数値が小さいほど断熱性能が高いことを表している。

（イ）【○】断熱工法の区分については問題文のとおりである。充填断熱工法は、柱間等の構造材や軸組の入っている空隙間、外張断熱工法は躯体外側、内張断熱工法は躯体内側と仕上げの間、付加断熱工法は充填断熱工法と外張断熱工法または充填断熱工法と内張断熱工法の組み合わせで施工される。

（ウ）【○】通気層の設置については問題文のとおりである。なお、通気層から、外の冷気が断熱材内部に入ると断熱性能低下や壁内結露の原因になるため、防風層を通気層と断熱層の間に設けて外気が断熱材内部に侵入することを防止する。防風層の材料は、通気性がなく防水性が高く断熱材の内部の湿気を通気層と断熱層に放散させるため、透湿性があることが求められる。

（エ）【○】アルミ樹脂複合サッシの構造、効用については問題文のとおりである。樹脂サッシは断熱性・気密性・遮熱性に優れ防音性も高いが、アルミ製に比べて強度が低いため、厚みを出すことで強度を高めるため重量感が増す。アルミ樹脂複合サッシは、アルミを併せることで強度を保ち樹脂サッシよりも重量を軽減している。

（オ）【×】問題文の内容は「日射遮蔽型」の説明である。
「日射取得型」Low-E複層ガラスは、Low-E金属膜が複層ガラスの中空層の室内側のガラス表面にコーティングされており、ガラスの日射熱取得率が0.5以上のものを指す。「日射取得型」は、波長の短い日射熱を透過させ、波長の長い室内の放射を室内へ反射する特質を持っているため、日射熱を室内に取り込みながら室内の熱の流出を抑止し、冬期の暖房効果を高めることができる。

(ア)～(オ)の説明文は、ZEHの定義および関連する事項について述べたものである。
説明の内容が正しいものは①を、誤っているものは②を選択しなさい。

(ア) 70m^{2}の敷地に平屋の省エネ住宅を建築した。『ZEH』(狭義のZEH)の強化外皮基準を満たし、太陽光発電システムや省エネ設備を導入した。再生可能エネルギーを含まない状態の省エネルギー率(基準一次エネルギー消費量からの一次エネルギー消費量の削減率)は20%を達成したが、再生可能エネルギーを含めた省エネルギー率は、太陽電池の設置面積が広くとれなかったため、80%にとどまった。この場合、この住宅が認定される可能性があるのはZEH Orientedである。

(イ) 3階建の集合住宅において、全住戸が『ZEH』基準の強化外皮基準および再生可能エネルギーを含まない場合の省エネルギー率20%を満たしている。また、再生可能エネルギーを含んだ省エネルギー率は、1階部は『ZEH』の基準を、2階部および3階部はNearly ZEHの基準を満たしている。この場合、この集合住宅は、1階部は『ZEH-M』(狭義のZEH-M)、2階部と3階部はNearly ZEH-Mに認定される。

(ウ) 新築戸建住宅において、TPOモデル(居住者以外の第三者が太陽光発電システムの設置に係わる初期費用を負担して設備を保有するモデル)を利用して太陽光発電システムを導入する場合、ZEH認定を受けるためには、エネルギーに係る設備は住宅の敷地内に設置されている必要がある。

(エ) 国土交通省と消費者庁は、「住宅の品質確保の促進等に関する法律に基づく住宅性能表示制度」について、住宅性能表示基準を一部改正し、認定低炭素住宅や認定長期優良住宅の認定基準をZEH水準へ引き上げた。

(オ) 省エネ対策の強化に向けた取り組みの一つとして、2023年度より住宅トップランナー制度の対象に分譲マンションが追加され、2025年度に住宅トップランナー基準の見直しが行われる。

正解 （ア）② （イ）② （ウ）① （エ）① （オ）①

解説

（ア）【×】問題文の場合、この住宅が認定される可能性があるのはZEH Orientedではなく、Nearly ZEHである。ZEH Orientedは、再生可能エネルギー等の導入要件はなく、２階建以上の住宅が対象であり、都市狭小地の諸条件を満たす必要がある。

（イ）【×】問題文の場合、この集合住宅が１階部と２階部および３階部を別の基準として認定されるのではなく、住棟全体として低いほうの基準であるNearly ZEH-Mに認定される。

（ウ）【○】ZEH認定の要件の一つである「エネルギーに係る設備については、所有者を問わず住宅の敷地内に設置されるものとする」を満たす必要があるためである。

（エ）【○】2021年12月に国土交通省と消費者庁は、「住宅の品質確保の促進等に関する法律に基づく住宅性能表示制度」について、住宅性能表示基準を一部改正し、2022年10月には認定低炭素住宅や認定長期優良住宅の認定基準をZEH水準へ引き上げた。

（オ）【○】省エネ対策の強化に向けた取り組みとして、2023年度より住宅トップランナー制度に分譲マンションが対象へ追加され（BEI＝0.9程度、省エネ基準の外皮基準）、2025年度に住宅トップランナー基準が見直される（2027年度で、注文戸建住宅：BEI＝0.75及び強化外皮基準、注文戸建住宅以外：BEI＝0.8程度及び強化外皮基準の水準を目標とする）。

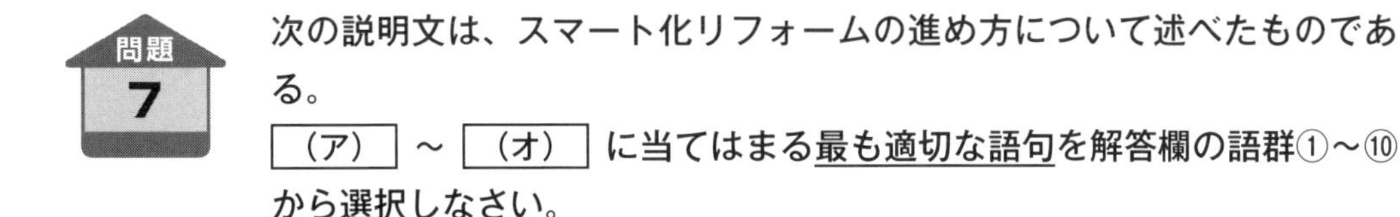

問題 7

次の説明文は、スマート化リフォームの進め方について述べたものである。
（ア）～（オ）に当てはまる<u>最も適切な語句</u>を解答欄の語群①～⑩から選択しなさい。

- 屋内側から行う壁の断熱工法には、既存の内装を撤去するリフォームと合わせて室内側から柱と間柱の間に断熱材を設置する（ア）断熱工法と、既存の内装材に直接ボード状の断熱材をビスで固定する短期施工型の内張断熱工法がある。

- 内窓とは、既存窓の内側に、樹脂製の内窓専用のサッシを取り付け、窓を二重化したものである。既存の窓と新たに設置する窓との間に（イ）ができるため、窓の断熱性が向上して結露が防止できるとともに、防音・遮音効果や防犯性に優れるといった特徴がある。

- 桁上断熱工法は、梁の上に合板などの下地材を敷設したあと、その（ウ）にグラスウールやプラスチック系断熱材を施工する工法である。小屋裏の防露および排熱のため、小屋裏換気を十分に行えるように、小屋裏換気口などを設ける。

- 床下からの断熱工事で、吹付け硬質ウレタンフォームを床下から吹き付ける際には、（エ）を回避すべく、部材を包み込むように施工する。

- アイランド型とは、（オ）キッチンに用いられ、キッチンを四方の壁から離して島のように設置するレイアウトである。アイランド型にはアイランドⅠ列型、アイランドⅡ列型がある。

【語群】

① 重ね張り	② 下
③ 熱橋（ヒートブリッジ）	④ オープン
⑤ 真空層	⑥ 空気層
⑦ 上	⑧ 熱溜まり（ヒートビルドアップ）
⑨ 独立型	⑩ 充填

正解　（ア）⑩　（イ）⑥　（ウ）⑦　（エ）③　（オ）④

解説

- 屋内側から行う壁の断熱工法には、既存の内装を撤去するリフォームと合わせて室内側から柱と間柱の間に断熱材を設置する 充塡 断熱工法と、既存の内装材に直接ボード状の断熱材をビスで固定する短期施工型の内張断熱工法がある。なお、重ね張り断熱工法は、外張り断熱工法の一つで、外装外壁がモルタルや直貼りサイディングのときに、外装材を撤去せずに断熱材とサイディング壁材をその上に施工する工法である。
- 内窓とは、既存窓の内側に、樹脂製の内窓専用のサッシを取り付け、窓を二重化したものである。既存の窓と新たに設置する窓との間に 空気層 ができるため、窓の断熱性が向上して結露が防止できるとともに、防音・遮音効果や防犯性に優れるなどの特徴がある。なお、２つの窓の間を真空にすることは、大掛かりな機材を要し、費用対効果上意味がない。
- 桁上断熱工法は、梁の上に合板などの下地材を敷設したあと、その 上 にグラスウールやプラスチック系断熱材を施工する。小屋裏の防露および排熱のため、小屋裏換気を十分に行えるように、小屋裏換気口などを設ける。
- 床下からの断熱工事で、吹付け硬質ウレタンフォームを床下から吹き付ける際には、 熱橋（ヒートブリッジ） を回避すべく、部材を包み込むように施工する。熱溜まり（ヒートビルドアップ）はデータセンターや工場などで発生する局所的な温度上昇現象であり断熱工事と直接関係するものではない。
- アイランド型とは、 オープン キッチンに用いられ、キッチンを四方の壁から離して島のように設置するレイアウトである。アイランド型にはアイランドⅠ列型、アイランドⅡ列型がある。独立型キッチンはクローズ型キッチンの別名で、キッチンがダイニングからは独立した部屋に置かれているキッチンプランである。

（ア）～（オ）の説明文は、水回りのリフォームについて述べたものである。組み合わせ①～④のうち、説明の内容が誤っているものの組み合わせを1つ選択しなさい。

（ア）洗面所は水ぬれや湿気が発生し、シロアリの発生や腐朽等の原因となるため、洗面所の壁と床には、耐水性のある下地材、防水上有効な仕上げ材を使用しなければならない。下地は耐水合板とし、壁には防水効果のあるビニルクロス、床材には耐水フローリングや耐水性のある塩化ビニル樹脂製のクッションフロアなどを施工するのが基本である。

（イ）トイレルーム専用の大型床用セラミックパネルは、フローリングと併用し便器のまわりのみに敷設する方法と、床全体に敷設する方法がある。リフォームの場合には、セラミックパネルを既存の床の上から重ね張りすることはできず、一旦既存の床を取り外してから敷設する必要がある。

（ウ）システムバスへのリフォームにあたっては、既存の出入り口の幅が狭くて、システムバスの部材が入らないという事態が起こり得るため、事前の現場調査で搬入可能であることを確認しておく必要がある。

（エ）建築物省エネ法の建築物エネルギー消費性能基準で定義される節湯水栓は、「2バルブ湯水混合水栓」、「ミキシング湯水混合水栓」、「シングルレバー湯水混合水栓」のいずれかで、かつ「手元止水機構を有する水栓」、「小流量吐水機構を有する水栓」または「水優先吐水機構を有する水栓」の1つ以上を満たしており、使用者の操作範囲内に流量調節部および温度調節部があるものを指す。

（オ）水回り設備のリフォーム時に、老朽化した給湯配管を取り替えることがある。配管方式には先分岐方式とヘッダー方式があるが、一般的にヘッダー方式のほうが湯待ち時間が短く、湯が冷めにくいとされ、省エネ効果が認められている。

【組み合わせ】

① （ア）と（イ）
② （イ）と（エ）
③ （ウ）と（オ）
④ （エ）と（オ）

正解 ②

解説

（ア）【○】洗面所の施工の基本は問題文のとおりである。洗面所は浴室に隣接し、シロアリが好む場所であり、腐朽しやすい箇所でもあるため、リフォームの際に地面、土台、軸組などに薬剤による防腐・防蟻処理を行うようにする。地面がべた基礎などで、コンクリートで覆われている場合は、コンクリートに悪影響を与えない薬剤を使用する必要がある。

（イ）【×】「リフォームの場合には」以下が誤りである。
トイレルーム専用の大型床用セラミックパネルは、フローリングと併用し便器のまわりのみに敷設する方法と、床全体に敷設する方法がある。リフォームの場合には、セラミックパネルを既存の床の上から重ね張りすることができる。

（ウ）【○】問題文の内容は正しい。システムバスへのリフォームでは、浴室の天井が低い場合に現場で高さを調整できるか、さらには傾斜天井や、梁や柱がある場合でもリフォームできるかなど、あらかじめ現場の状況に対応できる製品であるかを確認することも重要である。

（エ）【×】「２バルブ湯水混合水栓」が誤りである。
建築物省エネ法の建築物エネルギー消費性能基準で定義される節湯水栓は、「サーモスタット湯水混合水栓」、「ミキシング湯水混合水栓」、「シングルレバー湯水混合水栓」のいずれかで、かつ「手元止水機構を有する水栓」、「小流量吐水機構を有する水栓」または「水優先吐水機構を有する水栓」の１つ以上を満たしており、使用者の操作範囲内に流量調節部および温度調節部があるものを指す。

（オ）【○】ヘッダー方式の効用については問題文のとおりである。ヘッダー方式は、給水・給湯それぞれに給水ヘッダー、給湯ヘッダーを設置し、そこから別々の架橋ポリエチレン管や樹脂管等の可とう性の高い合成樹脂管で配管して、直接各水回りの水栓につなぐ方式である。継ぎ手が少ないため漏水リスクが少なく、管が劣化した場合はヘッダー部分からその部分の管を取り外せるため、交換が容易である。ヘッダーから別々の配管で水栓に接続しているため、湯待ち時間が短く、湯が冷めにくいという特徴がある。さらには別の箇所で水や湯を使用していても、水圧の影響を受けにくいという特徴もある。

(ア)～(オ) の説明文は、省エネルギー住宅・リフォームのための建築基礎知識、住宅関連法規について述べたものである。
説明の内容が正しいものは①を、誤っているものは②を選択しなさい。

(ア) 鉄筋コンクリート構造の一つであるラーメン構造は、鉄骨の柱と梁を一体化（剛接合）して骨組をつくったもので、低層から高層までの住宅などに用いられている。利点として開口部や間仕切り位置、間取りなどの設計での自由度が高い点が挙げられる。

(イ) 「住宅の品質確保の促進等に関する法律（品確法）」の住宅性能表示制度で定められた耐震等級で、等級２とは、建築基準法に定められた地震による力の 1.25 倍の力に対する耐震性能を満たす水準である。

(ウ) 「住宅瑕疵担保履行法」における新築住宅の瑕疵担保責任の範囲は、「住宅の耐震構造上主要な部分」と「断熱性能を維持する部分」である。また、瑕疵担保責任の期間は、売主または請負人から買主に引渡し後 10 年間である。

(エ) 消防法および関連法令において、住宅用防災警報器は、すべての寝室と寝室階から直下階に通ずる階段などの天井、または壁への設置が義務づけられている。また、市町村条例により台所への設置を義務づけているところもある。

(オ) 建築基準法では、住宅における隣地境界線、および敷地に接する道路の中心線から１階は 3m 以下、２階以上は 5m 以下の距離にある部分は、延焼のおそれがある部分とされている。ただし、防火上有効な空地に面する部分は延焼のおそれがある部分から除外されている。

正解　（ア）①　（イ）①　（ウ）②　（エ）①　（オ）①

解説

（ア）【○】問題文は正しい。また、ラーメン構造は、ブレースや耐力壁を入れなくても、地震や風の水平力に耐えることができる。

（イ）【○】「住宅の品質確保の促進等に関する法律（品確法）」の住宅性能表示制度で定められた耐震等級で、等級２とは、建築基準法（建築基準法施工令第 88 条第２項および第３項）で定められる地震の力の 1.25 倍に対して損壊、崩壊、倒壊等しない程度（耐震性能を満たす）の水準である。

（ウ）【×】「住宅瑕疵担保履行法」における新築住宅の瑕疵担保責任の範囲は、地震だけでなく人や物の重さを支える構造的な強度も含まれるため「住宅の耐震構造上主要な部分」ではなく「住宅の構造耐力上主要な部分」と、「断熱性能を維持する部分」ではなく「雨水の侵入を防止する部分」となっている。

（エ）【○】消防法および関連法令において、住宅用防災警報器の設置が義務づけられている箇所は、すべての寝室と寝室階から直下階に通ずる階段などの天井、または壁までである。その他の箇所は、市町村条例により規定されているため、地域により違いがある。

（オ）【○】延焼の恐れがある部分と対応措置（建築基準法第２条第６号）。同一敷地内に２つ以上の建築物（延べ床面積の合計が 500m^2 以内の建築物では、１棟とみなされる。）があるときは、相互の外壁間の中心から１階は 3m 以下、２階以上は 5m 以下の距離にある部分が延焼の恐れがある部分とされている。緩和条件として、防火上有効な広場や川などの空き地または水面、耐火構造の壁などに面する部分などが規定されており、この条件に合致する部分は、延焼の恐れがある部分から除外されている。

（ア）～（オ）の説明文は、HEMS および IoT に関連する事項について述べたものである。
組み合わせ①～④のうち、説明の内容が誤っているものの組み合わせを1つ選択しなさい。

（ア） ZEH+ などの補助要件の一つになっている高度エネルギーマネジメントとは、HEMS により、太陽光発電設備などの発電量などを把握したうえで、住宅内の暖冷房設備、給湯設備等を制御可能であることと定義されている。また、HEMS や制御対象機器に関しては、いずれも ECHONET Lite AIF 仕様に適合し、認証を取得しているものを設置することが基本であるが、一部特殊ケースも存在する。

（イ） エネルギー計測ユニットの据え付け・施工や、HEMS コントローラーや機器の設定には特に必要な資格は無いが、インターネット関連の基本的な知識を持っていることが望ましい。

（ウ） 総務省では、情報セキュリティ対策として「情報セキュリティ（サイバーセキュリティ）初心者のための三原則」を公表している。この三原則は、ソフトウエアの更新、ウイルス対策ソフト（ウイルス対策サービス）の導入、ID とパスワードの適切な管理、と基本的なものであるが、対策として重要なポイントなので、実際の機器設置後も実施できる環境を整えておくべきである。

（エ） HEMS には、エネルギーの見える化機能がある。住宅内のエネルギー使用状況を詳細に把握するため、分電盤の主幹・分岐回路ごとの消費電力量および消費電力を「エネルギー計測ユニット」により計測できる。

（オ） エネルギーマネジメントにおいて、重要な役割を担う創エネルギー・蓄エネルギー・省エネルギー機器として、重点8機器という機器群がある。この重点8機器には照明器具、給湯器は含まれていない。

【組み合わせ】

① （ア）と（オ）
② （イ）と（ウ）
③ （ウ）と（エ）
④ （オ）と（イ）

正解　④

解説

（ア）【○】基本的に AIF 仕様の認証取得が必須であるが、相互接続性の自己確認を示す書類を提出することで免除される特殊ケースも存在する（令和４年度の次世代 ZEH+ 実証事業公募実施時点）。

（イ）【×】エネルギー計測ユニットの据え付け・施工は、分電盤での配線工事を伴うことから、電気設備や作業の安全を守って工事ができるよう、第二種電気工事士の資格が必須である。一方、HEMS コントローラーや機器の設定には特に必要な資格はないが、インターネット関連の基本的な知識を持っていることが望ましい。なお、インターネット工事関連の国家資格としては電気通信の工事担当者などがある。

（ウ）【○】なお、情報セキュリティサイト（現在はサイバーセキュリティサイトに改名：https://www.soumu.go.jp/main_sosiki/cybersecurity/kokumin/）では、テレワークやスマートフォンなどのセキュリティ対策に関する情報や Wi-Fi の安全な利用に関しても紹介されているため参考にされたい。

（エ）【○】問題文以外のエネルギー計測ユニットのもう一つの重要な機能として、HEMS コントローラーとの通信機能がある。計測ユニットで測定したデータをクラウドサーバーに送るために、ホームゲートウェイとしての役割を担う HEMS コントローラーと通信する必要があるからである。

（オ）【×】エネルギーマネジメントにおいて重要な役割を担う創エネルギー・蓄エネルギー・省エネルギー機器として、重点８機器という機器群がある。この重点８機器は、スマートメーター、太陽光発電、蓄電池、燃料電池、電気自動車充電器 / 充放電器、エアコン、照明器具、給湯器である。

①～④の説明文は、住宅用太陽光発電システムおよびエネファーム（家庭用燃料電池コージェネレーションシステム）について述べたものである。説明の内容が誤っているものを1つ選択しなさい。

① 発電量を最大にするには、太陽光に対して直角に太陽電池モジュールを設置するのが理想であるが、日本では一般的に屋根の南側（南面）で傾斜角度20度～30度前後が最も効率的である。

② 太陽光発電システムの系統連系における出力制御とは、電力会社が、発電事業者の所有する太陽光発電システムのパワーコンディショナの出力電力を制御することをいう。

③ エネファームは、都市ガスやLPガス、電気、水（水道水）が安定して供給されていない地域に設置することはできない。また、単独では、自家発電装置、無停電電源装置として利用することもできない。なお、防火地域および準防火地域に関する規制を受けることはない。

④ 燃料電池（FC：Fuel Cell）とは、水の電気分解と同じ化学反応を利用することにより、直流電流を作り出す化学電池である。水に電気を加えることで水素と酸素を発生させ発電する仕組みである。

正解 ④

解説

① 【○】問題文は正しい。設置する方位により太陽電池モジュールに当たる日射量が変わるため、発電量もそれに伴い変化する。設置方位としては南向きが理想だが、他の方位に設置することも可能である。北面の屋根に設置する場合、他の方位に比べて太陽電池モジュールの発電出力は少なくなり、条件によっては太陽電池モジュールの反射光が近隣へ影響を与える可能性が高くなるため、注意が必要である。

② 【○】電力会社は、電力の使用量と供給量のバランスを保たなければならないため、消費できない電力の買取を停止し、需要に合わせて発電設備の出力を制御し、抑制している。

③ 【○】問題文は正しい。また設置場所は、積雪により給気口、排気口および換気口がふさがれるおそれがある場合には、防雪の処置を行い不完全燃焼や故障の原因とならないようにするなど、状況に応じた適切な処置を要する。

④ 【×】水の電気分解と同じ化学反応ではなく、水の電気分解と逆の化学反応を利用している。水に電気を加えることで水素と酸素を発生させ発電するのではなく、空気中の酸素と都市ガスやLP ガスなどから取り出した水素を化学反応させ、直流電流を作り出している。

(ア)～(オ)の説明文は、住宅用リチウムイオン蓄電システムおよび関連する事項について述べたものである。
説明の内容が正しいものは①を、誤っているものは②を選択しなさい。

(ア) 蓄電システムには、通常のコンセントにつないで使用する系統連系機能のないタイプと、配線工事をして据え付けで使用する系統連系機能のあるタイプの2種類がある。電力会社への届出が必要なのは、系統連系機能のあるタイプだけである。

(イ) 蓄電システムをHEMSと連携させると、太陽光発電システムの発電量や家庭の消費電力量などとともに、蓄電システムの充電量も把握できる。ただし、安全上の観点から、HEMSコントローラーからの指示では、蓄電システムより放電させることはできない仕組みになっている。

(ウ) 一般的な住宅における蓄電システムの蓄電容量は、5kWh～12kWh程度、出力は2kW～6kW程度である。機器の仕様や設定条件にもよるが、10kWhの蓄電池では、目安として消費電力合計2kWの機器を、最大10時間まで使用が可能である。

(エ) 太陽光発電システムのパワーコンディショナと蓄電システムのパワーコンディショナを兼用したハイブリッドパワーコンディショナを搭載した蓄電システムは、太陽光発電システムで発電した電力を交流のまま利用できるため、変換ロスが少なく効率的である。

(オ) 系統連系タイプの住宅用リチウムイオン蓄電システムは、自宅の分電盤にあらかじめ配線工事をしたうえで、電力系統に接続して使用することができる。これには、停電時に特定の電気機器を指定して電気を供給する特定負荷タイプに加え、すべての電気機器に接続して電気を供給する全負荷タイプもある。

正解 （ア）① （イ）② （ウ）② （エ）② （オ）①

解説

（ア）【○】系統連系機能のある蓄電システムを設置する場合は電力会社へ「系統連系申請書」を提出して、系統連系の許可を得る必要がある。また、ハイブリッドタイプの蓄電システムのパワーコンディショナは、太陽電池パワーコンディショナの機能も搭載しているため、「設備認定申請書」の提出も必要となる。

（イ）【×】蓄電システムをHEMSと連携させると、太陽光発電システムの発電量や家庭の消費電力量などとともに、蓄電システムの充電量も把握できる。また、状況に応じてHEMSコントローラーからの指示で、蓄電システムから放電させることができる。

（ウ）【×】蓄電池量kWhは消費電力kW×時間hのため、消費電力合計2kWの機器は、5時間までしか使用できない。10時間は誤りである。（2kW × 5h ＝ 10kWh）

（エ）【×】ハイブリッドパワーコンディショナを搭載した蓄電システムは、太陽光発電システムで発電した直流電力を交流に変換することなく、直接蓄電システムにためることができるため、変換ロスが少なく効率的である。

（オ）【○】系統連系タイプの住宅用リチウムイオン蓄電システムは、自宅の分電盤にあらかじめ配線工事をしたうえで、電力系統に接続して使用する。設置するには分電盤と接続するための電気工事のほかに、電力会社への届出が必要となる。なお、系統連系タイプには、停電時に特定の電気機器を指定して電気を供給する特定負荷タイプに加え、すべての電気機器に接続して電気を供給する全負荷タイプもある。

(ア)～(オ)の説明文は、創蓄連携システムおよび関連する事項について述べたものである。
説明の内容が正しいものは①を、誤っているものは②を選択しなさい。

(ア) 創蓄連携システムでは、太陽光発電システムの出力を交流に変換せず、直流で充電している。

(イ) 創蓄連携システムの自給自足（環境優先、グリーン）モードでは、昼間は、太陽光発電システムで発電した電気を使いながら、余った電気はすべて売電する。

(ウ) 太陽光発電システムを系統連系にて設置し、V2H に対応する住宅を構成する。このとき、停電時に太陽光で発電した電気を電気自動車（EV）やプラグインハイブリッド自動車（PHV）などの電動車の充電池に充電する場合の V2H 充放電機器は、非系統連系型は使用できない。

(エ) 電気自動車（EV）やプラグインハイブリッド車（PHV）などの電動車は、すべて V2H に対応できるわけではない。

(オ) 創蓄連携システムの全負荷型は、非常時に蓄電池の負荷の対象を限定して電気を使うことができるため、蓄電池の電気を長持ちさせやすいという利点がある。

正解 （ア）① （イ）② （ウ）① （エ）① （オ）②

解説

（ア）【〇】創蓄連携システムでは、太陽光発電システムの電気を交流に変換せずに直流で直接充電している。そのため、交流への変換ロスがなく電気を有効に使うことができる。

（イ）【×】創蓄連携システムの経済優先（経済性）モードでは、昼間は、太陽光発電システムで発電した電気を使いながら、余った電気はすべて売電する。夜間は割安な深夜電力を蓄電システムに蓄電し、朝晩にその蓄えた電気を使用している。これにより、昼間の電力の購入を抑えることができる。自給自足モードでは、昼間は、余剰電気はすべて売電するのではなく基本は充電し、さらに余れば売電する。夜間は、基本は充電せず、電力会社から買う電気をできるだけ減らすことを目指している。

（ウ）【〇】太陽光発電システムを系統連系にて設置しているため、非系統連系型の V2H 充放電機器は使えず、系統連系型の V2H 充放電機器によって、太陽光で発電した電気を電動車へ充電したり、電動車から住宅内へ電気を放電しながら、太陽光で発電した電気や電力会社から購入した電気を同時に使用したりすることができる。

（エ）【〇】問題文は正しい。V2H の導入を計画している場合は、使用予定している電動車が V2H に対応できるのか確認が必要である。

（オ）【×】創蓄連携システムを構成する蓄電システムの全負荷型ではなく、特定負荷型は非常時に負荷を限定して蓄電池の電気を使うことができるため、蓄電池の電気を長持ちさせやすい利点がある。特定負荷型では、100V 出力のみがほとんどで、非常時に電気を使いたい部屋や電気機器（冷蔵庫や照明など）を限定して、蓄電池の電気を使うことができる。

（ア）～（オ）の説明文は、エコキュートおよび関連する事項について述べたものである。
組み合わせ①～④のうち、説明の内容が誤っているものの組み合わせを１つ選択しなさい。

（ア）　エコキュートは、太陽熱温水器をつないで、そこからの高温水を利用することで大きな省エネ効果を得ることができる。また、太陽光発電システムによる余剰電力で昼間に湯を沸かす仕組みは、電力の自給自足につながる蓄エネ（蓄熱）機器としても注目されている。

（イ）　JIS に基づく「年間給湯保温効率」は、１年を通してエコキュートを運転し、台所・洗面所・ふろ（湯はり）・シャワーで給湯した分の給湯熱量とふろ保温時の保温熱量を、１年間で必要な消費電力量で割って算出する。

（ウ）　小売事業者表示制度における温水機器の統一省エネラベルには、エネルギー種別（電気・ガス・石油）を問わない横断的な多段階評価点と、年間目安エネルギー料金が表示されている。消費者がエコキュートを購入するときに、温水機器全体で省エネ性能やランニングコストを一目で比較できるようになっている。

（エ）　エコキュートのヒートポンプユニットは、万が一、そこからイソブタン冷媒（R600a）が漏れると、空気との比重が 1.529 であるため、下層にたまり酸素不足の原因になるおそれがあることから、屋内に設置してはならない。

（オ）　エコキュートには、一般的には水道法の飲料水水質基準に適合した水道水を使用するが、一定の水質基準を満たす井戸水を使用できる製品もある。

【組み合わせ】
① （ア）と（イ）
② （イ）と（オ）
③ （ウ）と（エ）
④ （エ）と（ア）

正解 ④

解説

（ア）【×】前段が誤り。エコキュートのメーカーではエコキュートの給水管に太陽熱温水器をつなぐことは故障の原因となるとして、取扱説明書や工事説明書などで注意喚起を行っている。給水管から太陽光温水器の 60℃程度の温水が入ってくると、貯湯タンク内で対流が起きエコキュートの沸き上げを止めてしまうなどのおそれがある。

（イ）【〇】年間給湯保温効率の適用機種は、ふろ保温機能があるフルオートタイプである。ふろ保温機能がないセミオートタイプ・給湯専用タイプには、年間給湯効率が適用される。

（ウ）【〇】小売事業者表示制度における統一省エネラベルが 2021 年から変わり、エネルギー種別（電気・ガス・石油）を問わない温水機器の統一省エネラベルができた。

（エ）【×】「イソブタン冷媒（R600a）が漏れると」が誤りである。
エコキュートのヒートポンプユニットは、万が一、そこから CO2 冷媒（R744）が漏れると、空気との比重が 1.529 であるため、下層にたまり酸素不足の原因になるおそれがあることから、屋内に設置してはならない。

（オ）【〇】井戸水に対応していない機種に井戸水を使用すると配管が腐食したり、含有のカルシウムなどにより配管詰まりを起こして熱交換率が低下したり、閉塞による異常停止が発生する場合がある。また、井戸水に対応している機種であっても、使用する井戸水の水質を事前に検査し、当該メーカーの基準をクリアしていることを必ず確認しなければならない。水質検査はエコキュートのメーカー等が行うが通常有償となる。

(ア)～(オ)の説明文は、換気設備について述べたものである。
組み合わせ①～④のうち、説明の内容が誤っているものの組み合わせを1つ選択しなさい。

(ア) 熱交換型換気扇には、全熱交換器と顕熱交換器がある。給気と排気が熱交換器を通過する際に、湿度(潜熱)を熱交換しない顕熱交換器と比べ、温度(顕熱)と湿度(潜熱)の熱交換を行う全熱交換器のほうが、一般的に冷暖房の熱ロスが少ない換気ができる。

(イ) 第3種換気(強制排気型)は、排気を機械換気で強制的に行い、給気を自然換気で行う換気方式であり、クリーンルームや病院内の手術室などに多く採用されている。

(ウ) 季節や天候などの状況によって外気は、ちりや花粉など住宅内に取り込みたくない物質を含んでいることから、一般的に機械給気では、フィルターを換気扇本体に組み込むなどして、外気の汚れなどが住宅内へ侵入することを抑制している。

(エ) 住宅全体をひとつの空間として捉えた全体換気をする場合、トイレスペースの換気は、臭気対策用としての一時的な大風量と、24時間換気としての小風量の両方を考慮する必要がある。

(オ) 安全上の観点から熱源とレンジフードファンのグリスフィルター下端までの離隔距離は100cm以上となるようにする必要がある。なお、調理油過熱防止装置付コンロや特定安全電磁誘導加熱式調理器では、80cm以上と別途定められている。

【組み合わせ】
① (ア)と(イ)
② (イ)と(オ)
③ (ウ)と(エ)
④ (エ)と(オ)

正解 ②

解説

（ア）【○】湿度（潜熱）と温度（顕熱）を熱交換する全熱交換器のほうが、一般的に冷暖房の熱ロスが少ない換気ができる。温度差の大きい冬場よりも温度差の小さい夏場のほうが、湿度（潜熱）の影響が大きくなり、効果の差が大きくなる。

（イ）【×】第 3 種換気（強制排気型）は室内が負圧になり、スキマからちりや花粉などが侵入しやすいため、クリーンルームや病院内の手術室などは不向きである。クリーンルームや病院内の手術室などに適しているのは、給気を機械換気で強制的に行い、排気を自然換気で行う第 2 種換気（強制給気型）である。

（ウ）【○】機械給気では一般的にフィルターを組み込むことで、外気からちりや花粉などの侵入を抑制している。一方、機械排気のみの場合は室内が負圧となり、スキマからちりや花粉などが侵入しやすくなる。

（エ）【○】トイレに設置した換気扇で住宅全体を換気する場合は、24 時間換気としての小風量とトイレの臭気対策用としての一時的な大風量の両方を考慮する必要がある。また換気経路を考慮した扉の通風孔や給気口も考慮する必要がある。

（オ）【×】安全上の観点から熱源とレンジフードファンのグリスフィルター下端までの離隔距離は 80cm 以上となるようにする必要がある。なお、調理油過熱防止装置付コンロや特定安全電磁誘導加熱式調理器では、60cm 以上と別途定められている。

スマートハウスを支える機器・技術の基礎
問題

（ア）～（オ）の説明文は、ヘルスケア機器およびヘルスケアや見守りなどのサービスに関連する事項について述べたものである。
組み合わせ①～④のうち、説明の内容が誤っているものの組み合わせを１つ選択しなさい。

（ア）リストバンド型活動量計のなかには、脈拍センサーからの緑色 LED 光を手首の血管に照射し、心臓の拍動により血管が収縮、拡張したときに起こる反射光量の差をみることで脈拍数を計測するものがある。

（イ）HEMS につながる家庭内の電気機器の使用状況を把握することにより、家族の在宅や外出・帰宅、就寝などの状況を見守る側に知らせるサービスがある。このサービスでは、家族の見守りだけでなく、例えば、電気自動車の充電設備が設定した時刻に充電開始されていない場合や充電終了時にスマートフォンにプッシュ配信してくれる。

（ウ）給湯器のリモコンから無線 LAN 機能でインターネットに接続し、スマートフォンの専用アプリで入浴時の安全見守りやヘルスケアを行えるサービスが実用化されている。このサービスでは、浴室温度が低くヒートショックのおそれがある場合や長時間の入浴を検知すると、専用アプリで通知する。また、浴槽につかると、給湯器のセンサーで心拍数や血圧を計測し、専用アプリでグラフ表示ができる。

（エ）血圧計には、上腕に巻きつけて測定するタイプ、腕を通して上腕で測定するタイプ、手首に巻きつけて測定するタイプ、常時手首に装着できるウェアラブルタイプ（スマートウォッチ）などがある。いずれのタイプも血圧測定は（一般的な血圧計で行われる）加圧による測定方式が主流である。

（オ）経済産業省、厚生労働省および総務省は、民間 PHR（Personal Health Record）事業者におけるルールを検討し、以下を目指した取り組みを進めている。
- 国民・患者が自らの保健医療情報を適切に管理・取得できるインフラの整備
- 保健医療情報を適切かつ効果的に活用できる環境の整備
- 質の高い保健医療を実現するための保健医療情報の活用

【組み合わせ】
① （ア）と（イ）　② （イ）と（ウ）
③ （ウ）と（エ）　④ （エ）と（オ）

(ア)～(オ)の説明文は、スマートハウスでの活用が期待されるロボット機器およびその活用などについて述べたものである。
組み合わせ①～④のうち、説明の内容が誤っているものの組み合わせを1つ選択しなさい。

(ア) 高齢者などの歩行をアシストするための「歩行アシストカート」と呼ばれる機器が実用化されている。この機器は、例えば、以下の機能を有する。

- 上り坂では自動的にパワーアシストし、下り坂では使用者の動きに合わせて減速する。
- GPS・インターネットを利用した見守り機能により、家族は使用者の歩行経路や現在位置を確認でき、異常を感知すると自動的に緊急通知する。

(イ) 2013年度より開始されたロボット介護機器事業においては、ロボット介護機器は、利用者がロボット介護機器を操作し使いこなすという考え方ではなく、ロボットがロボット単体で介護を行うことで、より効率的な介護を可能とする機器であるとする考え方に基づいている。

(ウ) マッピング型のロボットクリーナーのなかには、超音波センサーにより鏡面や黒色、透明な障害物も検知して衝突を回避したり、赤外線センサーにより壁面までの距離を検知し、壁に沿って走行したりする製品もある。

(エ) 要介護者の離床・排泄・睡眠状況などを見守り、それらの情報をスマートフォンに集約することで介護現場の自立支援・重度化防止の取り組みをサポートするシステムが実用化されている。例えば、おむつに装着したセンサーで排泄を検知し、タイムリーにおむつ交換が行える。さらに、蓄積されたデータにより排泄リズムを把握し、適切なタイミングでトイレ誘導を行い、自立支援を促進することができる。

(オ) 一般的に、ランダム型のロボットクリーナーは、掃除完了後や電池残量が少なくなると、記憶している充電台からの走行経路をもとに、自動的に最短距離で充電台に戻る機能を有している。なかには、本体のカメラにより充電台を画像認識して戻る製品もある。

【組み合わせ】

① (ア)と(ウ)　　② (イ)と(ア)
③ (ウ)と(エ)　　④ (オ)と(イ)

（ア）～（オ）の説明文は、家庭用エアコン（以下「エアコン」という）および関連する事項やスマートハウスにおける空調に関わるサービスなどについて述べたものである。
説明の内容が正しいものは①を、誤っているものは②を選択しなさい。

（ア）　枕元に設置した温湿度センサーと連携し、睡眠の経過時間に合わせて、身体が心地よく感じる温度に自動制御するエアコンがある。この製品は、以下により天気や外気温などの影響で変わってしまう寝室の暑さ・寒さを毎日好みの温度に調整できる。

- 眠り始めは低めの温度で運転し、起床前から起床に向けて徐々に温度を上げる。
- 起床後に、夜眠っている間の体感と朝起きたときの体感をフィードバックする。

（イ）　エアコンの低温暖房能力とは、外気温度 0℃、室内温度 15℃時の暖房能力を表している。寒冷地で使用する場合は、低温暖房能力の値が大きい製品を選ぶとよい。

（ウ）　AI やクラウドを活用することにより、エアコン運転時の室温の変化や設定温度までの到達時間などから冷えやすさ・暖まりやすさといった「部屋の性能」を学習するエアコンがある。この製品は、リモコンの操作情報から外出あるいは帰宅の時間、および起床時間、就寝時間といった「生活パターン」を学習して、効率のよい運転ができる。

（エ）　フロン排出抑制法では、家庭用機器で相当量のフロン類が使用されているすべての製品を政令で指定製品に指定しており、家庭用エアコンは、目標年度において地球温暖化係数が目標値（750）を下回らないことが製造事業者等に義務づけられている。

（オ）　通年エネルギー消費効率（APF）は、次式で求められる。この値が大きいほど省エネ性が高い。１年間に必要な冷暖房能力の総和とは、期間消費電力量と同じ基準で算出した理論計算値である。

$$\mathrm{APF} = \frac{\text{機種ごとの期間消費電力量（kWh）}}{\text{１年間に必要な冷暖房能力総和（kWh）}}$$

（ア）～（オ）の説明文は、家庭用エアコン（以下「エアコン」という）、空気清浄機および関連する事項やスマートハウスにおける空調に関わるサービスなどについて述べたものである。
組み合わせ①～④のうち、説明の内容が誤っているものの組み合わせを1つ選択しなさい。

（ア） エアコンのカタログなどに記載されている省エネルギーラベルには、「省エネ性マーク」、「目標年度」、「省エネ基準達成率」、「通年エネルギー消費効率」が表示されている。

（イ） マイクロ波方式センサーと連動させることにより、離れて暮らす親の生活の見守りができるエアコンがある。この仕組みでは、上記センサーで検知した居住者の姿勢の変化や在室／不在などを（見守る側は）スマートフォンで確認し、状況に応じて（親側の）エアコンのON/OFF、温度設定などの操作ができる。ただし、このセンサーでは、人の脈拍・呼吸などのわずかな動きまでは検知できない。

（ウ） 空気清浄機のなかには、クラウド連携により宅外からスマートフォンのアプリによって運転状態や室内の温度・湿度を確認し、ON/OFF操作、運転コースや風量、加湿などの設定を行えるものがある。また、このアプリによって室内のPM2.5やホコリの多さ、ニオイの強さなどを多段階のレベルで表示できる。

（エ） インバーターエアコンは、インバーターで圧縮機モーターのON/OFFを細かく調整し、室温を設定温度に保つようにするため、室温変化を小さく抑えることができる。室温が設定温度に近づくと圧縮機モーターがOFFになるため、一定速エアコンと比べ省エネ性にも優れている。

（オ） 空気清浄機の集じんフィルターに使われているHEPAフィルターについて、JISでは「定格流量で粒径が0.3μmの粒子に対して99.97%以上の粒子捕集率を持つこと」などが求められている。

【組み合わせ】

① （ア）と（オ）
② （イ）と（エ）
③ （ウ）と（イ）
④ （エ）と（ア）

（ア）～（オ）の説明文は、照明器具および関連する事項やスマートハウスにおける照明に関わるサービスなどについて述べたものである。
説明の内容が正しいものは①を、誤っているものは②を選択しなさい。

（ア）電球のソケットに取り付けるだけで人を検知して自動で点灯し、人を検知しなくなると一定時間後に消灯する人感センサー（赤外線センサー）内蔵の電球形 LED ランプがある。この製品は、赤外線センサーの働きにより密閉型器具にも対応できる。

（イ）LED 照明の構造的な分類として、砲弾型、表面実装型、チップオンボードがある。表面実装型、チップオンボードタイプの LED では、拡散パネルと組み合わせることで、発光部の輝点を目立たないようにするとともに広角度に光を出せるので、部屋全体を明るくする用途（シーリングライトなど）にも使われる。

（ウ）住宅の壁に取り付ける配線器具（壁スイッチ）のなかには、取り外してリモコンとして使えたり、内蔵したセンサーに連動して照明を ON/OFF したりする機能を持つものがある。ただし、HEMS やスマートフォンと連携し、電気の使用状況に応じて自動で照度を調節する照明器具は開発段階である。

（エ）白色 LED には、青色 LED と蛍光体の組み合わせで白色発光させる「シングルチップ方式」や赤・緑・青などの LED を 1 つのパッケージに実装して白色発光させる「マルチチップ方式」などがある。一般的な LED 照明では、マルチチップ方式が主流である。

（オ）建築化照明とは、一室に複数の照明器具を分散設置し、生活シーンに応じて必要な照明器具を選択して点灯し、調光・調色することで、快適な住空間をつくり出すとともに省エネルギーも実現できる照明手法である。

(ア)～(オ)の説明文は、家庭用冷凍冷蔵庫(以下「冷蔵庫」という)および関連する事項やスマートハウスにおける関連サービスなどについて述べたものである。
組み合わせ①～④のうち、説明の内容が誤っているものの組み合わせを1つ選択しなさい。

(ア) 引き出し式の冷凍室は、凍った食品が保冷剤として作用するため、食品を詰めたほうがドアを開け閉めしたときの温度上昇を抑えることができる。

(イ) 冷蔵室内に設置したネットワークカメラにより、庫内を撮影した画像をクラウドに保存する機能を持つ冷蔵庫が販売されている。この製品では、アプリを用いて、庫内の食材の名称や個数、賞味期限を登録し管理することもできる。賞味期限前日の食材を事前通知するので、食品ロスも減らせる。

(ウ) 一般的にパーシャル室や氷温室、チルド室などと呼ばれている冷蔵庫内のチラー室には、食品の鮮度を保持するために以下のような工夫を施している製品がある。
- 室の気圧を上げて酸素量を減らすことにより、食品の酸化反応を抑制する。
- 氷点を少し上回る温度で食品を凍結させずに保存する。

(エ) 無線LAN経由で専用クラウドサービスに接続し、さまざまなサービスを音声・画面で提供する冷蔵庫が販売されている。例えば、離れて暮らす家族の冷蔵庫を登録すると、ドアの開閉状況により、その家族の安否をスマートフォンに通知する製品がある。

(オ) 冷蔵庫は、庫内を冷やすために冷凍サイクルという仕組みを利用している。冷凍サイクルは、下図に示すように圧縮機、蒸発器、毛細管、凝縮器などで構成され、冷媒は図中の矢印の向きに流れる。

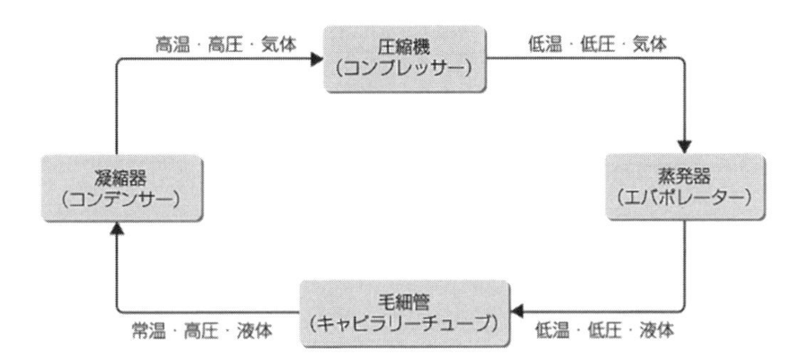

【組み合わせ】

① (ア)と(エ)　② (イ)と(オ)　③ (ウ)と(イ)　④ (オ)と(ウ)

スマートハウスを支える機器・技術の基礎 問題 問題集1

（ア）～（オ）の説明文は、スマートハウスなどで利用されるネットワークカメラおよび関連する事項について述べたものである。
説明の内容が正しいものは①を、誤っているものは②を選択しなさい。

（ア） ネットワークカメラは、防犯、監視、さらには高齢の家族や子どもの見守りなど、さまざまな用途に利用できる機器である。IP アドレスを機器自体に設定できるネットワークカメラは、家庭内 LAN などのネットワークに直接接続できるが、不正なアクセスによる映像の流出などの危険性を低くするため、接続方法は LAN ケーブルによる有線接続に限定されている。

（イ） LPWA（Low Power Wide Area）は、LAN ケーブルを利用して電力を供給する技術である。この技術を利用すると、例えば、高いところに設置されたネットワークカメラへ電源コードを引き回すことなく、LAN ケーブルだけで電力供給と画像データなどの伝送ができる。

（ウ） ネットワークカメラのなかには、カメラ部分を水平方向に回転させる Pan（パン）、垂直方向に回転させる Tilt（チルト）に加え、動く被写体を自動的に追跡して捉える Zoom（ズーム）機能を搭載しているものがある。このタイプのネットワークカメラは、これら3つの機能の頭文字をとって「PTZ 型ネットワークカメラ」と呼ばれる。

（エ） ネットワークカメラに搭載されているレンズの種類には、焦点距離が固定された単焦点レンズやバリフォーカルレンズなどがある。バリフォーカルレンズは、焦点距離を変化させて写す範囲（画角）を調整したあと、ピント合わせが必要なレンズである。

（オ） 集合住宅のなかには、顔認証機能を利用するセキュリティシステムを導入したマンションがある。マンションのエントランスに設置したネットワークカメラで撮影した人の顔の画像と、登録されている居住者の顔の画像とを照合して同一人物であることが認証された場合、エントランスのドアが自動で開くシステムはその一例である。

(ア)～(オ)の説明文は、スマートハウスで利用されるテレビおよび関連する事項について述べたものである。
組み合わせ①～④のうち、説明の内容が誤っているものの組み合わせを1つ選択しなさい。

(ア) HDR (High Dynamic Range) は、映像の記録方法やテレビでの表示方法などを含め、映像の明るさの幅を拡大させる技術である。BSデジタル放送の4K放送では、HDRの方式としてHDR10やドルビービジョンが使用されている。

(イ) 8Kテレビに搭載されるディスプレイパネルの画素数は、水平7680画素×垂直4320画素で、画面全体の画素数は、フルハイビジョン (2K) テレビに搭載されるディスプレイパネルの4倍である。

(ウ) 宅内で使用している家電製品の動作状況や、生活に役立つ情報などを、音声プッシュ通知サービスにより受けられるテレビが実用化されている。このサービスに対応するテレビとエアコンを連携させると、例えば、エアコンが設置されている離れた部屋の温度が高い場合に、「エアコンのある部屋が高温状態です」などとテレビが音声で知らせてくれる。

(エ) テレビに搭載される液晶ディスプレイのLEDバックライトの配置方式の1つとして、直下配置型LEDバックライト方式がある。この方式を用いるテレビのなかには、LEDの明るさを画面の明るい映像部分では高く、暗い映像部分では低く変化させ、コントラストをより大きくする機能を持ったものがある。

(オ) リモコンにマイクロホンを搭載し、音声により映像コンテンツなどを検索できるテレビが販売されている。これらのテレビのなかには、付属のリモコンの専用ボタンを押してマイクロホンに話しかけることで、インターネット配信されている映像コンテンツや、テレビ放送の番組などを検索できるものがある。

【組み合わせ】

① (ア) と (エ)
② (イ) と (ア)
③ (ウ) と (イ)
④ (エ) と (オ)

（ア）～（オ）の説明文は、スマートハウスで利用されるテレビ放送や映像コンテンツに関連するサービスなどについて述べたものである。
説明の内容が正しいものは①を、誤っているものは②を選択しなさい。

（ア）「フレッツ・テレビ」は、地上デジタル放送の高周波信号などを光信号に変換し、FTTH を利用して伝送する方式の放送サービスである。地上デジタル放送を視聴する場合、セットトップボックスを使用せずに、映像用回線終端装置（V-ONU）から出力される高周波信号を、同軸ケーブルを使ってテレビの地上デジタル放送用のアンテナ端子に入力することで視聴できる。

（イ）Netflix や Amazon Prime Video などのインターネットを利用した動画配信サービスは、視聴する動画配信サービスの契約を行い、そのサービスに対応するテレビを使用することで視聴できる。視聴する動画配信サービスにテレビが対応していない場合には、そのサービスに対応するメディアストリーミング端末をテレビに接続することで視聴できる。

（ウ）ケーブルテレビにおける地上デジタル放送の伝送方式の 1 つとして、同一周波数パススルー方式がある。地上デジタル放送を受信できるテレビであれば、専用のセットトップボックスを使用することなく、この方式で再送信される地上デジタル放送を視聴できる。

（エ）現在、BS デジタル放送の左旋円偏波により、ハイビジョン放送と 4K 放送が行われている。また、BS デジタル放送の右旋円偏波により、4K 放送と 8K 放送が行われている。

（オ）現在、地上デジタル放送は、VHF の周波数帯を使用して放送が行われており、放送波の受信には、VHF アンテナが必要である。

（ア）～（オ）の説明文は、スマートフォンやスマートフォンを利用するサービスなどについて述べたものである。
組み合わせ①～④のうち、説明の内容が誤っているものの組み合わせを1つ選択しなさい。

（ア）専用のアプリをインストールしたスマートフォンなどを使用して、HEMSコントローラーと連携する機器を遠隔操作できる仕組みが実用化されている。例えば、帰宅途中で、スマートフォンを使って「風呂の湯はりの開始」、「床暖房や照明をONする」、「電動窓シャッターを閉める」といった操作ができる。

（イ）5G（第5世代移動通信システム）の特徴は、「超高速」、「超低遅延」、「多数同時接続」などである。これらの特徴を実現するため、4Gで使われている700MHz～900MHz帯や1.5GHz～3.5GHz帯よりも高い周波数のマイクロ波と呼ばれる11GHz～13GHz帯の電波が5Gで使用されている。

（ウ）仮想移動体通信事業者であるMVNO（Mobile Virtual Network Operator）の通信サービスを利用するには、希望するMVNOと契約してSIMカードを入手する必要がある。このSIMカードは使用できるスマートフォンに制約がないので、どのスマートフォンでもこのSIMカードを装着すれば、契約したMVNOの通信サービスを利用できる。

（エ）スマートフォンは、一般的に4Gなどの通信方式に対応する機能のほかにも各種の通信機能を備えている。機器により、例えば、無線LAN、Wi-Fi Direct、Bluetooth やNFCなどの通信機能を備えているものがある。

（オ）専用のアプリをインストールしたスマートフォンなどを使用して、家の中の機器を操作できるようにするサービスがある。このサービスでは、例えば、スマートフォンと専用の赤外線リモコンを使い、この赤外線リモコンに対応するエアコンや照明などの家電機器を遠隔操作できる。

【組み合わせ】

① （ア）と（イ）
② （イ）と（ウ）
③ （ウ）と（エ）
④ （エ）と（オ）

**（ア）～（オ）の説明文は、スマートハウスで利用される通信技術やホームネットワークに関連する事項について述べたものである。
説明の内容が正しいものは①を、誤っているものは②を選択しなさい。**

（ア） 無線 LAN ルーターなどの無線 LAN アクセスポイントの識別名は、MAC アドレスと呼ばれている。パソコンなどの機器を無線 LAN アクセスポイントに接続する場合、ネットワークの設定画面などで識別名を選択することで、意図する無線 LAN アクセスポイントに接続できる。

（イ） IPv4 は、ネットワーク機器に割り当てる IP アドレスが 32bit で、ネットワーク機器に対して約 43 億個の IP アドレスを割り当てることが可能な規格である。さらに、ネットワーク機器が増加する環境においても、十分な数の IP アドレスを使用できるようにするために、IPv6 の規格では IP アドレスが 128bit に拡張され、約 43 億の 4 乗個の IP アドレスを割り当てることが可能になった。

（ウ） 無線 LAN 規格の IEEE802.11ac では、通信に 2.4GHz の周波数帯が使用されている。そのため、この規格による無線 LAN を利用しているときは、近くにある電子レンジや 2.4GHz 帯を使用するデジタルコードレス電話機などの影響を受けて、通信速度が低下してしまう場合がある。

（エ） Bluetooth 機器同士の接続（ペアリング）の際に使用されている NFC（Near Field Communication）は、13.56MHz の周波数を利用する通信距離 10cm 程度の近距離無線通信技術である。機器同士を「かざす」ように近づけたり、タッチしたりすることでデータ通信を行うことができる。

（オ） Wi-SUN（Wireless Smart Utility Network）とは、Wi-SUN アライアンスが IEEE802.15.4g の規格をベースにして作成している各種の無線通信規格・仕様の総称であり、1.9GHz の周波数帯で使用される。

（ア）～（オ）の説明文は、言葉づかいの例について述べたものである。説明の内容が正しいものは①を、誤っているものは②を選択しなさい。

（ア）　尊称は相手のことを呼ぶ際に敬意を示すために用いられ、尊敬語の固有名詞版ということができる。お客様の息子のことを「ご子息」、お客様の父親のことを「ご老父」などと呼ぶのは尊称の例である。

（イ）　相手の名前や組織名称のあとにつけ敬意を示す言葉として「敬称」がある。例えば「各位」は個人ではなく複数の人を対象にした場合に使われる敬称であり、「経営企画部各位様」、「事務局各位殿」のように使う。

（ウ）　尊敬語は、相手やその人側の物、動作、状態などの位置づけを高めて表現するときの敬語である。「いらっしゃる」は「いる」、「行く」、「来る」など複数の言葉の尊敬語として使われる。

（エ）「ご覧になられる」は、「ご覧になる」という尊敬語に「られる」という尊敬語を重ねた二重敬語である。正しい用法は「ご覧になる」である。

（オ）　丁寧語とは、そのまま伝えてしまうときつい印象や不快感を与えるおそれがあることを、やわらかく伝えるために前置きとして添える言葉である。「恐れ入りますが」などは、依頼するときの丁寧語である。

（ア）～（オ）の説明文は、CS（顧客満足）について述べたものである。組み合わせ①～④のうち、説明の内容が正しいものの組み合わせを１つ選択しなさい。

（ア） 接客時における商品説明のポイントは「訴求点を分かりやすく専門用語を使用して説明する」、「過去モデルや競合商品との比較はしない」、「視認性の高い説明ツールを使用する」などである。

（イ） バリアフリーは、主に障がい者や高齢者を対象に、障壁（バリア）を取り除くことを目的としている。それに対して、ユニバーサルデザインは、個人差や年齢、性別、国籍の違いなどにかかわらず、すべての人たちができるだけ使いやすいようにすることを目指しているという点が、バリアフリーとの相違である。

（ウ） 修理の際に、たとえ経年劣化による製品事故の発生が懸念されるような古い製品であっても、お客様にとって愛着がある場合も多く、買い替えの提案は厳に慎まねばならない。

（エ） お客様に対して、販売店がホームドクターのように販売、据付工事、修理などの各種サービスをまとめて提供することを「ワン・トゥ・ワンマーケティング」という。

（オ） PDCA サイクルとは、Plan（計画）・Do（実行）・Check（評価）・Act（改善）を繰り返すことによって、業務を継続的に改善していく手法のことである。

【組み合わせ】

① （ア）と（オ）
② （イ）と（オ）
③ （ウ）と（ア）
④ （エ）と（イ）

（ア）～（オ）の説明文は、省エネ法およびスマートハウスで使用する家電製品のリサイクルと安全に関連した法規や制度について述べたものである。
説明の内容が正しいものは①を、誤っているものは②を選択しなさい。

（ア）長期使用製品安全表示制度では、経年劣化による重大事故の発生件数が多い電気冷蔵庫、布団乾燥機などの５品目を対象に、製造または輸入事業者に対して、「取り扱いに関する注意喚起」の項目を製品の見やすい位置に表示することを義務づけている。

（イ）消費生活用製品安全法の対象となる「消費生活用製品」とは、一般消費者の生活の用に供される製品をいう。ただし、船舶、食品、自動車、医薬品など他の法令で個別に安全規制を受ける製品は除外されている。

（ウ）廃棄物処理法は、排出者（消費者および事業者）、製造業者、地方公共団体の三者が、定められた責務あるいは義務を果たし、協力して特定家庭用機器の再商品化等を進めることを基本的な考え方としている。

（エ）電気用品安全法では、対象電気用品の製造事業者等は経済産業局等への届出、技術基準への適合、出荷前の最終検査記録の作成と保存、適合性検査（特定電気用品のみ）などの義務を履行しなければならないとされている。これらの義務を履行したときには、それを示すPSEマークを対象電気用品に付すことができる。

（オ）従来の工業標準化法は、2019年の法改正により、法律名が産業標準化法に改められた。ここで規定されるJASマーク表示制度は、国に登録された機関から認証を受けた事業者が、認証を受けた製品またはその包装などにJASマークを表示できる制度である。

**（ア）～（オ）の説明文は、「独占禁止法」および「景品表示法」などについて述べたものである。
組み合わせ①～④のうち、説明の内容が誤っているものの組み合わせを1つ選択しなさい。**

（ア）　家電業界の小売業表示規約では、自店販売価格と他の価格を比較する二重価格表示を行う場合には、自店平常（旧）価格とメーカー希望小売価格以外の価格を比較することが禁止されている。また、住宅設備ルート向け製品に付されたメーカー希望小売価格を比較対照価格として用いることも認められていない。

（イ）　独占禁止法では、一般消費者に対して、実際のものよりも取り引きの相手方に著しく優良または有利であると誤認される表示を禁止している。例えば、「この技術は日本で当社だけ」と表示しているが、実際には競争事業者でも同じ技術を使っていた場合などは、有利誤認表示に該当する。

（ウ）　2021 年２月に施行されたデジタルプラットフォーム取引透明化法では、特定デジタルプラットフォーム提供者として指定された事業者に対し、取り引き条件等の情報の開示、運営における公正性確保、運営状況の報告を義務づけ、評価・評価結果の公表などの必要な措置を講じている。

（エ）　景品表示法は、納入業者による自主的かつ合理的な業務の遂行を阻害するおそれのある行為の制限および禁止について定めることにより、納入業者の利益を保護することを目的としている。規制内容は「過大な景品類の提供の禁止」と「不公正な取引方法の禁止」の２つである。

（オ）　2020 年に施行された改正独占禁止法における課徴金制度は、事業者と公正取引委員会が協力して独占禁止法違反行為を排除し、複雑化する経済環境に応じた適切な課徴金を賦課できるというものである。これにより、違反行為に対する抑止力の向上が期待されている。

【組み合わせ】

①　（ア）と（オ）
②　（イ）と（エ）
③　（ウ）と（イ）
④　（エ）と（ウ）

（ア）～（オ）の説明文は、ヘルスケア機器およびヘルスケアや見守りなどのサービスに関連する事項について述べたものである。
組み合わせ①～④のうち、説明の内容が誤っているものの組み合わせを1つ選択しなさい。

（ア）　HEMSにつながる家庭内の電気機器の使用状況を把握することにより、家族の在宅や外出・帰宅、就寝などの状況を見守る側に知らせるサービスがある。このサービスでは、家族の見守りだけでなく、例えば「洗濯機や炊飯器の運転開始忘れ」をスマートフォンにプッシュ配信してくれる。ただし、「冷蔵庫やエコキュートの長時間運転停止」などのトラブル状態は検知できない。

（イ）　経済産業省、厚生労働省および総務省は、民間PHR（Personal Health Record）事業者におけるルールを検討し、以下を目指した取り組みを進めている。

- 国民・患者が自らの保健医療情報を適切に管理・取得できるインフラの整備
- 保健医療情報を適切かつ効果的に活用できる環境の整備
- 質の高い保健医療を実現するための保健医療情報の活用

（ウ）　警備会社の提供する見守りサービスのなかには、急病時に、リストバンド型ウェアラブル端末の救急ボタンを押す、あるいはペンダント型の救急ボタンを軽く握るだけで自動的に警備会社に信号を送信し、緊急対処員が駆けつけるものがある。

（エ）　スマートウォッチによる血圧測定は、一般的な血圧計で行われる加圧による測定ではなく、心拍数や血流などの測定を組み合わせて推定する方式が主流である。なお、スマートウォッチのなかにはSpO2（血中酸素飽和度）や体温を計測できるものもある。

（オ）　給湯器のリモコンから無線LAN機能でインターネットに接続し、スマートフォンの専用アプリで入浴時の安全見守りを行えるサービスが実用化されている。このサービスでは、センサーで浴室への入退室を検知し、浴室温度が低くヒートショックのおそれがある場合は専用アプリで通知するが、浴槽への入退浴までは検知できない。

【組み合わせ】
①（ア）と（ウ）　②（イ）と（オ）　③（ウ）と（エ）　④（オ）と（ア）

（ア）～（オ）の説明文は、スマートハウスでの活用が期待されるロボット機器およびその活用などについて述べたものである。
組み合わせ①～④のうち、説明の内容が誤っているものの組み合わせを１つ選択しなさい。

（ア）　要介護者の離床・排泄・睡眠状況などを見守り、それらの情報をスマートフォンに集約することで介護現場の自立支援・重度化防止の取り組みをサポートするシステムが実用化されている。例えば、カメラで居室の映像を確認し、訪室すべきかどうかを判断できるとともに、転倒・転落を未然に防いで重度化リスクを回避できる。

（イ）　モバイル型ロボットのなかには、メール、アプリ、カメラ、音声認識・顔認識などの機能を備え、音声対話で操作できるものがある。HEMS 連携が可能なタイプは、例えば、雷注意報が発令されると、生活パターンに応じて停電時に必要な電力量だけを蓄電池に自動的に充電する。また、発令時、解除時に知らせてくれる。

（ウ）　2013 年度より開始されたロボット介護機器事業は、機器の開発・導入の支援を行い、被介護者の自立支援や介護者の負担軽減の実現による「ロボット介護機器の新たな市場創出」を目指して進められてきた。この事業の目的は、人による介護にロボットをうまく融合させることでより良いケアを実現させることである。

（エ）　厚生労働省では、ロボットとは「情報を感知（センサー系）」、「判断し（知能・制御系）」、「動作する（駆動系）」、「学習する（記憶系）」という４つの要素技術を有する“知能化した機械システム”と定義している。４つの要素を満たし、かつ、利用者の自立支援や介護者の負担軽減に役立つ介護機器を介護ロボットと呼んでいる。

（オ）　ランダム型のロボットクリーナーは、超音波センサーや赤外線センサーを用いた SLAM（Simultaneous Localization and Mapping）技術により、室内を移動しながら自己位置を認識するとともに、部屋の大きさや形、家具の配置などの情報を収集し、AI で分析して最適な走行経路を決定する。

【組み合わせ】

①　（ア）と（エ）　　②　（イ）と（オ）
③　（ウ）と（ア）　　④　（エ）と（オ）

（ア）～（オ）の説明文は、家庭用エアコン（以下「エアコン」という）および関連する事項やスマートハウスにおける空調に関わるサービスなどについて述べたものである。
説明の内容が正しいものは①を、誤っているものは②を選択しなさい。

（ア） 給気換気と排気換気を自動的に切り替えるモードを搭載したエアコンがある。この製品は、以下により冷房運転を効率的に立ち上げることができる。
- 冷房開始時に室温が外気温より高い場合は、冷房と排気換気を同時に行い、室内にこもった熱を屋外に排出する。
- 室温が外気温より低くなると、給気換気に切り替えて屋外の新鮮な空気を冷やして室内に送る。

（イ） 弱冷房除湿方式とは、室内機の熱交換器を再熱器と冷却器に分け、再熱器では室外に放出する熱の一部を利用して空気を暖め、冷却器では空気を冷やして除湿し、温かい空気と冷たい空気を混合して適温の乾いた空気を吹き出す方式である。

（ウ） カタログなどに記載されているフロンラベルには、オゾン層破壊係数について定められた目標を達成すべき「目標年度」、「省エネ基準達成率」、「通年エネルギー消費効率」などが表示されている。

（エ） AI やクラウドを活用するエアコンのなかには、室温が設定範囲から外れた場合やエアコンの人感センサーに反応があった場合などに、スマートフォンに通知する「見守り機能」を持つ製品がある。これにより、外出先から、宅内の高齢者や子ども、ペットなどに配慮して室温を管理できる。

（オ） エアコン設置時には、室外機、室内機の吸い込み口および吹き出し口の付近に十分なスペースを確保する必要がある。また、寒冷地や降雪・積雪地で室外機を設置する場合には、必要に応じて防雪フードや高置き台などを使用するとよい。

（ア）～（オ）の説明文は、家庭用エアコン（以下「エアコン」という）、空気清浄機および関連する事項やスマートハウスにおける空調に関わるサービスなどについて述べたものである。
組み合わせ①～④のうち、<u>説明の内容が誤っているものの組み合わせ</u>を１つ選択しなさい。

（ア）　マイクロ波方式センサーと連動させることにより、離れて暮らす親の生活の見守りができるエアコンがある。このセンサーは、暗い寝室の布団の中にいても布団や衣服を透過して、人の脈拍・体動・呼吸などのわずかな動きを検知するので、見守る側は状況を確認しつつスマートフォンでエアコンの ON/OFF や温度設定などの操作ができる。

（イ）　エアコンを取り付ける際には、電気の契約種別・容量や電源プラグの形状などをあらかじめ確認しておく必要がある。例えば、単相 200V 15A の場合の電源プラグ形状はエルバー形、単相 200V 20A の場合はタンデム形が適合する。

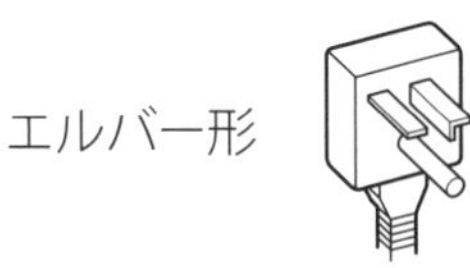

タンデム形

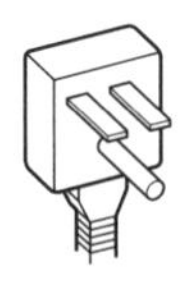

（ウ）　一般的に、加湿空気清浄機の加湿方式は、水を含ませた加湿フィルターに取り込んだ空気を通過させ、加湿エアとして送り出す「スチームファン式」である。加湿フィルターは雑菌やカビが繁殖しやすいので、抗菌剤を塗布したフィルターを使用したり、水そのものを除菌する除菌装置を備えたりしているものもある。

（エ）　空気清浄機は、空気中に含まれる有害物質や常に発生し続けるニオイなどをすべて除去できるわけではない。また、0.1 μm 未満の微小粒子状物質についても、除去の確認ができていないため、メーカー各社は、カタログなどでその旨を説明している。

（オ）　クラウド連携によりエアコンと加湿空気清浄機を連動運転させて、快適な空気環境をつくるものがある。例えば、毎日寝る前に「おやすみ運転」を選んでいると、その時間を学習して自動で運転モードが切り替わったり、寝室の照明を消すと空気清浄機のセンサーが感知し、エアコンと空気清浄機をおやすみモードに切り替えたりする。

【組み合わせ】

①（ア）と（イ）　②（イ）と（ウ）　③（ウ）と（オ）　④（エ）と（オ）

(ア)～(オ)の説明文は、照明器具および関連する事項やスマートハウスにおける照明に関わるサービスなどについて述べたものである。
説明の内容が正しいものは①を、誤っているものは②を選択しなさい。

(ア) ダウンライトが取り付けられている天井に断熱材が敷き詰めてある場合、器具内の温度が上がってLEDランプの発光効率は高くなるが、その分、寿命は短くなる。ダウンライトの枠や反射板にSマークが付いている場合は、密閉型器具対応のLEDランプを使用する必要がある。

(イ) 環形LEDランプは、既存の蛍光灯照明器具の口金形状や製品サイズと合っていれば、その器具を利用して効率的にランプを入れ替えることが奨励されている。ただし、経験的に、蛍光灯照明器具は使用年数が10年を過ぎると、故障率が急に高まることが知られており、この点に注意する必要がある。

(ウ) 多機能型LEDシーリングライトを活用した高齢者見守りサービスの事例として、例えば、以下のサービスなどを提供するものがある。
- シーリングライトに搭載された人感センサーや照明操作の履歴を基に、一定時間記録がない場合に異常通知を行う。
- 異常を検知した場合、音声による呼びかけと録音で状況確認を行う。
- 反応がない場合は、入居者本人に録音記録を添付した安否確認メールを送付する。

(エ) LEDとは発光ダイオードと呼ばれる半導体のことであり、特殊な構造を持つ物質に電気エネルギーを与えることで物質が発熱し、その熱により光が発生するという原理の光源である。LEDでは、電気エネルギーの約95%が光エネルギーに変換される。

(オ) LEDランプには、JISで高機能タイプとして規定されているものがある。高機能タイプの電球形LEDランプには、「平均演色評価数Raが50以上であること」、「高機能タイプであることが容易に識別できるよう製品または包装に表示すること」などが求められている。

（ア）～（オ）の説明文は、家庭用冷凍冷蔵庫（以下「冷蔵庫」という）および関連する事項やスマートハウスにおける関連サービスなどについて述べたものである。
組み合わせ①～④のうち、説明の内容が誤っているものの組み合わせを1つ選択しなさい。

（ア）冷蔵庫本体上部に設置したカメラにより、冷蔵室のドアを開けた際に自動で冷蔵室の棚と左右ドアポケットを撮影し、撮影した画像を専用アプリで表示する製品が販売されている。この機能を使って買い物中に冷蔵室の中身をスマートフォンでチェックすることで、食材の買い忘れや二重購入を減らすことができる。

（イ）運転中の冷却器には、庫内の空気や食品から奪われた水分が霜となって付着する。付着した霜は冷気を遮断し冷却効率が悪くなるため、定期的に霜を取り除く必要がある。家庭用冷蔵庫では、冷却器に取り付けられたヒーターに通電して霜を溶かす方式が主流である。

（ウ）物質は固体から液体や気体に、あるいは液体から気体にその状態が変化するときに周囲に熱を放出する性質を持っている。固体から気体への変化を融解といい、液体から気体への変化を蒸発という。

（エ）無線 LAN 経由で専用クラウドサービスに接続し、他の IoT 機器と連携してさまざまなサービスを提供する冷蔵庫が販売されている。例えば、冷蔵庫から電子レンジに調理メニューを自動送信したり、洗濯が終わったことや洗濯機がエラーで停止したことを知らせたりする冷蔵庫がある。

（オ）冷蔵庫の冷却方式のうち、直冷式は、冷却器で冷やされた空気を強制的に循環させ冷却する方式であり、間接冷却方式は、冷蔵室、冷凍室にそれぞれ独立した冷却器を設けて熱伝導と自然対流により冷却する方式である。現在は、より冷却効率の高い直冷式が主流である。

【組み合わせ】
①（ア）と（オ）
②（イ）と（ウ）
③（ウ）と（オ）
④（エ）と（イ）

(ア)～(オ)の説明文は、スマートハウスなどで利用されるネットワークカメラおよび関連する事項について述べたものである。
説明の内容が正しいものは①を、誤っているものは②を選択しなさい。

(ア) ネットワークカメラは、レンズや撮像素子、マイクロプロセッサー、半導体メモリーなどを主要部品とする機器である。動画の圧縮方式には、MPEG-4 AVC/H.264 や MPEG-H HEVC/H.265(HEVC)などが用いられている。

(イ) ネットワークカメラは、防犯、監視、さらには高齢の家族や子どもの見守りなどに利用できる機器である。IP アドレスを機器自体に設定できるネットワークカメラは、撮影された映像の伝送や保存を行ったり、機器をコントロールしたりするため、パソコンを経由して家庭内 LAN などのネットワークに接続しなければならない。

(ウ) ネットワークカメラに搭載されているレンズの種類には、焦点距離が固定された単焦点レンズやバリフォーカルレンズなどがある。バリフォーカルレンズは、焦点距離を変化させて写す範囲(画角)を調整したあと、ピント合わせが必要なレンズである。

(エ) ネットワークカメラで撮影した人の顔の画像と、事前に登録した人物の顔の画像とを照合し2つの顔が一致し居住者として認証を行う顔認証機能を利用するセキュリティシステムが実用化されている。一例として、このシステムを導入し、エントランスのドアのセキュリティ解除に利用しているマンションがある。

(オ) PLC(Power Line Communication)は、無線 LAN の電波を利用してワイヤレス電力伝送を行う技術である。この技術を利用すると、例えば、高いところに設置されたネットワークカメラへ電源コードや LAN ケーブルを引き回すことなく、無線 LAN の電波を利用して電力供給と画像データなどの伝送ができる。

（ア）～（オ）の説明文は、スマートハウスで利用されるテレビおよび関連する事項について述べたものである。
組み合わせ①～④のうち、説明の内容が誤っているものの組み合わせを1つ選択しなさい。

（ア）　4Kテレビに搭載されるディスプレイパネルの画素数は、水平3840画素×垂直2160画素で、画面全体の画素数は、フルハイビジョン（2K）テレビに搭載されるディスプレイパネルの2倍である。

（イ）　4Kテレビの最適視聴距離は、一般的に画面の高さの約1.5倍の距離といわれている。これは、4Kテレビに搭載されたディスプレイの画素が目立たない最短の距離で、この距離の場合、水平視野角が約60度になり、広い視野で画面に映し出される映像を見ることができる。

（ウ）　HDR（High Dynamic Range）は、映像の記録方法やテレビでの表示方法などを含め、映像の明るさの幅を拡大させる技術である。BSデジタル放送の4K放送では、HDRの方式としてHDR10やドルビービジョンが使用されている。

（エ）　宅内で使用している家電製品の動作状況や、生活に役立つ情報などを、音声プッシュ通知サービスにより受けられるテレビが実用化されている。このサービスに対応するテレビのメニュー画面で通知内容を設定すると、例えば、ゴミ収集日に「今日は燃えるゴミの日です」などとテレビが音声で知らせてくれる。

（オ）　使用目的に応じてアプリをダウンロードし、機能をカスタマイズできるテレビが販売されている。これらのアプリには、各種の映像コンテンツの視聴や音楽の再生、ゲームや料理のレシピの検索ができるものなどがある。

【組み合わせ】

①　（ア）と（イ）
②　（イ）と（オ）
③　（ウ）と（ア）
④　（エ）と（ウ）

（ア）～（オ）の説明文は、スマートハウスで利用されるテレビ放送や映像コンテンツに関連するサービスなどについて述べたものである。
説明の内容が正しいものは①を、誤っているものは②を選択しなさい。

（ア）インターネットを利用してテレビ放送の番組を配信するサービスが行われている。スマートフォンやタブレットなどの機器でこれらのサービスを利用すると、例えば、NHK や民放テレビ局が配信する同時配信番組や見逃し配信番組を視聴できる。

（イ）現在、BS デジタル放送の右旋円偏波により、ハイビジョン放送と 4K 放送が行われている。また、110 度 CS デジタル放送の右旋円偏波により、4K 放送が行われている。

（ウ）ケーブルテレビにおける地上デジタル放送の伝送方式には、トランスモジュレーション方式とパススルー方式がある。さらに、パススルー方式の種類には、同一周波数パススルー方式と、周波数変換パススルー方式の２つがある。

（エ）Netflix や Amazon Prime Video などのインターネットを利用した動画配信サービスは、いずれのテレビでもテレビ単体では視聴できない。そのため、これらの動画配信サービスの視聴には、視聴する動画配信サービスとの契約に加え、そのサービスに対応する Chromecast with Google TV などのメディアストリーミング端末をテレビに接続して使用する必要がある。

（オ）現在行われている BS デジタル放送の左旋円偏波による 4K 放送、および BS デジタル放送の右旋円偏波による 8K 放送をすべて視聴するためには、一般的に、受信に用いるアンテナとして、右左旋円偏波に対応した BS・110 度 CS アンテナを使用する必要がある。

（ア）～（オ）の説明文は、スマートフォンやスマートフォンを利用するサービスなどについて述べたものである。
組み合わせ①～④のうち、説明の内容が誤っているものの組み合わせを1つ選択しなさい。

（ア）　5G（第5世代移動通信システム）の特徴は、「超高速」、「超低遅延」、「多数同時接続」などである。これらの特徴を実現するため、5Gで使用する周波数帯として28GHz帯、3.7GHz帯などが割り当てられている。

（イ）　一般的に、ローカル5Gとは、地域や産業の個別のニーズに応じて地域の企業や自治体などのさまざまな主体が、自らの建物内や敷地内などで、スポット的に柔軟に構築して利用できる第5世代移動通信システムのことをいう。

（ウ）　専用のアプリをインストールしたスマートフォンなどを使用して、外出先から来客対応できたり、自宅の様子をモニタリングできたりする仕組みが実用化されている。例えば、専用のテレビドアホンを設置してシステムを構成することで、外出先からスマートフォンを使って来客対応ができる。

（エ）　仮想移動体通信事業者であるMVNO（Mobile Virtual Network Operator）の通信サービスを利用するには、希望するMVNOと契約してSIMカードを入手する必要がある。この場合、特定の通信事業者に限定された状態でないSIMフリーのスマートフォンであれば、どの機種でもこのSIMカードを装着して、契約したMVNOの通信サービスを利用できる。

（オ）　LTE-Advancedは、LTEと技術的に互換性を保ちながら通信の高速化を実現する方式である。LTE-Advancedの通信の高速化のために使われているVoLTEは、異なる複数の周波数帯をまとめて同時に使用する技術である。

【組み合わせ】

①　（ア）と（オ）
②　（イ）と（エ）
③　（ウ）と（イ）
④　（エ）と（オ）

(ア)～(オ)の説明文は、スマートハウスで利用される通信技術やホームネットワークに関連する事項について述べたものである。
説明の内容が正しいものは①を、誤っているものは②を選択しなさい。

(ア) 家庭内LANなどで利用されるルーターは、インターネットと家庭内LANなど、異なるネットワーク同士の相互接続などに使用される機器である。また、ルーターがLANケーブルで接続されたパソコンなどのネットワーク機器に対し、自動的にIPアドレスを割り当てる機能をPPPoEサーバー機能という。

(イ) 「Wi-Fi 4」や「Wi-Fi 5」、「Wi-Fi 6」は、無線LAN機器などが、どの無線LAN規格に対応するのかを分かりやすくするための名称である。例えば、機器に「Wi-Fi 6」と表示されている場合は、対応している最新の無線LANの規格がIEEE802.11axであることを表している。

(ウ) 無線LAN規格のIEEE802.11acでは、通信に2.4GHzの周波数帯が使用されている。また、IEEE802.11acの最大伝送速度(規格値)は約6.93Gbpsで、IEEE802.11aに比べて高速である。

(エ) マンションなどの集合住宅でFTTHを利用する場合、各住戸に光回線を引き込む光配線方式以外に、ADSL方式などがある。ADSL方式は、外部から集合住宅のADSL集合装置まで光ケーブルを使用し、その先の各住戸への配線に電話回線(メタルケーブル)を使用する方式である。

(オ) Ethernet(IEEE802.3)は、IoT機器や機器間接続のM2M(Machine to Machine)に適した低消費電力で長距離通信が可能な無線通信方式の総称である。Ethernetの通信の方式として、Sigfoxや NB-IoTなどがある。

次は、言葉づかいの例について述べたものである。
（ア）～（オ）について、敬語の使い方など、言葉づかいとして2つとも適切であるものは①を、どちらか一方または２つとも不適切であるものは②を選択しなさい。

（ア）　・御社の田中部長がお越しになられました。
　　　　・応接間は、畳敷きとフローリングのどちらになさいますか。

（イ）　・お名前をちょうだいできますか。
　　　　・少々お待ちください。在庫を確認して参ります。

（ウ）　・弊社の山本はあいにく休みをとっております。
　　　　・こちらの商品は 11,000 円でございます。

（エ）　・契約書をご拝読ください。
　　　　・２階の売り場にてお尋ねください。

（オ）　・またお目にかかれることを楽しみにしております。
　　　　・こちらにご住所をご記入いただけますか。

（ア）～（オ）の説明文は、CS（顧客満足）について述べたものである。組み合わせ①～④のうち、説明の内容が正しいものの組み合わせを1つ選択しなさい。

（ア） 修理の際に、たとえ経年劣化による製品事故の発生が懸念されるような古い製品であっても、お客様にとって愛着がある場合も多く、買い替えの提案は厳に慎まねばならない。

（イ） サービス・プロフィット・チェーンとは、顧客満足（CS）がサービス水準を高め、それが従業員満足を高めることにつながり、最終的には企業利益を高めるとしており、それによって高めた利益だけが顧客満足を向上させるための財源になるという好循環を生み出すフレームワークのことである。

（ウ） 現在普及しているCS活動は、具体的なモラルやマナーをマニュアル化することで、おもてなしサービスを習得できるという学習ツールであり、ビジネスにおいて不可欠なものとなっている。

（エ） キャッシュレス決済は、店舗におけるレジでの支払いがスピーディーになり、店内や輸送時の現金の紛失や盗難を防ぐといった安全面でのメリットが期待できる。さらには、新型コロナウイルス感染症の流行を受け、現金の手渡しという利用者と従業員との接触の場面を少なくするという観点からも注目されている。

（オ） 従来、高齢者のICT（Information and Communication Technology）利用はあまり進んでいなかったが、今後はSNS（ソーシャル・ネットワーキング・サービス）などの利用も多く見込まれることから、ICTを利用した高齢者向けの販売促進活動が重要になると考えられる。

【組み合わせ】

① （ア）と（オ）
② （イ）と（エ）
③ （ウ）と（ア）
④ （エ）と（オ）

（ア）～（オ）の説明文は、省エネ法およびスマートハウスで使用する家電製品のリサイクルと安全に関連した法規や制度について述べたものである。
説明の内容が正しいものは①を、誤っているものは②を選択しなさい。

（ア）電気用品安全法は、一般消費者の生活の用に供される消費生活用製品を対象に、一般消費者の生命または身体に対する危害の防止を図るため、特定保守製品の適切な保守を促進し、併せて製品事故に関する情報の収集および提供を行うことにより、一般消費者の利益を保護することを目的としている。

（イ）家電製品などの不法投棄は、近隣への迷惑になることはもちろん、廃家電に含まれる有害物質による土壌汚染など環境にも大きな影響を与えるおそれがある。不法投棄は省エネ法によって固く禁じられており、廃棄物を不法に投棄した者には懲役もしくは罰金のどちらか片方が科される。

（ウ）統一省エネラベルは、小売事業者が省エネ性能や省エネルギーラベル等を表示する制度である。対象機種としてエアコン、電気冷蔵庫、電気冷凍庫、テレビ、電気便座、照明器具などがある。

（エ）従来の工業標準化法は、2019 年の法改正により、法律名が産業標準化法に改められた。ここで規定される JAS マーク表示制度は、国に登録された機関から認証を受けた事業者が、認証を受けた製品またはその包装などに JAS マークを表示できる制度である。

（オ）消費生活用製品安全法の対象となる「消費生活用製品」とは、一般消費者の生活の用に供される製品をいう。ただし、船舶、食品、自動車、医薬品など他の法令で個別に安全規制を受ける製品は除外されている。

（ア）～（オ）の説明文は、「独占禁止法」および「景品表示法」などについて述べたものである。
組み合わせ①～④のうち、説明の内容が誤っているものの組み合わせを１つ選択しなさい。

（ア）　家電業界の小売業表示規約では、自店販売価格と他の価格を比較する二重価格表示を行う場合には、自店平常（旧）価格やメーカー希望小売価格を比較することが禁止されている。ただし、住宅設備ルート向け製品に付されたメーカー希望小売価格を比較対照価格として用いることは認められている。

（イ）　景品表示法の「その他、誤認されるおそれのある表示」の１つに、「商品の原産国に関する不当な表示」がある。例えば、Ａ国製の商品にＢ国の国名、国旗、事業者名などを表示することにより、一般消費者が当該商品の原産国をＢ国と誤認するような場合には不当な表示となるおそれがある。

（ウ）　2021年２月に施行されたデジタルプラットフォーム取引透明化法では、特定デジタルプラットフォーム提供者として指定された事業者に対し、取り引き条件等の情報の開示、運営における公正性確保、運営状況の報告を義務づけ、評価・評価結果の公表などの必要な措置を講じている。

（エ）　2020年に施行された改正独占禁止法における課徴金制度は、事業者と公正取引委員会が協力して独占禁止法違反行為を排除し、複雑化する経済環境に応じた適切な課徴金を賦課できるというものである。これにより、違反行為に対する抑止力の向上が期待されている。

（オ）　景品表示法は、納入業者による自主的かつ合理的な業務の遂行を阻害するおそれのある行為の制限および禁止について定めることにより、納入業者の利益を保護することを目的としている。規制内容は「過大な景品類の提供の禁止」と「不当な取引制限の禁止」の２つである。

【組み合わせ】

①　（ア）と（オ）
②　（イ）と（ア）
③　（ウ）と（イ）
④　（エ）と（オ）

スマートハウスを支える機器・技術の基礎
問題＆解説

問題集 1
問題集 2

（ア）～（オ）の説明文は、ヘルスケア機器およびヘルスケアや見守りなどのサービスに関連する事項について述べたものである。
組み合わせ①～④のうち、説明の内容が誤っているものの組み合わせを1つ選択しなさい。

（ア）リストバンド型活動量計のなかには、脈拍センサーからの緑色LED光を手首の血管に照射し、心臓の拍動により血管が収縮、拡張したときに起こる反射光量の差をみることで脈拍数を計測するものがある。

（イ）HEMSにつながる家庭内の電気機器の使用状況を把握することにより、家族の在宅や外出・帰宅、就寝などの状況を見守る側に知らせるサービスがある。このサービスでは、家族の見守りだけでなく、例えば、電気自動車の充電設備が設定した時刻に充電開始されていない場合や充電終了時にスマートフォンにプッシュ配信してくれる。

（ウ）給湯器のリモコンから無線LAN機能でインターネットに接続し、スマートフォンの専用アプリで入浴時の安全見守りやヘルスケアを行えるサービスが実用化されている。このサービスでは、浴室温度が低くヒートショックのおそれがある場合や長時間の入浴を検知すると、専用アプリで通知する。また、浴槽につかると、給湯器のセンサーで心拍数や血圧を計測し、専用アプリでグラフ表示ができる。

（エ）血圧計には、上腕に巻きつけて測定するタイプ、腕を通して上腕で測定するタイプ、手首に巻きつけて測定するタイプ、常時手首に装着できるウェアラブルタイプ（スマートウォッチ）などがある。いずれのタイプも血圧測定は（一般的な血圧計で行われる）加圧による測定方式が主流である。

（オ）経済産業省、厚生労働省および総務省は、民間PHR（Personal Health Record）事業者におけるルールを検討し、以下を目指した取り組みを進めている。

- 国民・患者が自らの保健医療情報を適切に管理・取得できるインフラの整備
- 保健医療情報を適切かつ効果的に活用できる環境の整備
- 質の高い保健医療を実現するための保健医療情報の活用

【組み合わせ】

① （ア）と（イ）　　② （イ）と（ウ）
③ （ウ）と（エ）　　④ （エ）と（オ）

正解 ③

解説

（ア）【○】脈拍センサーは、血中のヘモグロビンが光を吸収する特性を利用し、血管の容積変化でヘモグロビンに吸収されずに反射してきた光を受光素子で捉える。

（イ）【○】このサービスでは、問題文に挙げた事例のほかに、エアコンの運転中に窓が開いていたり、冷蔵庫やエコキュートが長時間運転停止していたりすると、それを検出してプッシュ配信してくれる。

（ウ）【×】このサービスでは、浴槽につかると、給湯器のセンサーで体脂肪率や消費カロリー、入浴時間を計測し、専用アプリでグラフ表示ができる。ただし、心拍数や血圧のデータまでは取得できない。

（エ）【×】スマートウォッチによる血圧測定は、（一般的な血圧計で行われる）加圧による測定ではなく、心拍数や血流などの測定を組み合わせて推定する方式が主流である。

（オ）【○】経済産業省、厚生労働省および総務省は、適切に民間 PHR サービスを利活用されるための民間 PHR 事業者におけるルールを検討し、「民間 PHR 事業者による健診等情報の取扱いに関する基本的指針」および「民間利活用作業班報告書」を取りまとめている。

(ア)～(オ)の説明文は、スマートハウスでの活用が期待されるロボット機器およびその活用などについて述べたものである。
組み合わせ①～④のうち、説明の内容が誤っているものの組み合わせを1つ選択しなさい。

(ア) 高齢者などの歩行をアシストするための「歩行アシストカート」と呼ばれる機器が実用化されている。この機器は、例えば、以下の機能を有する。
- 上り坂では自動的にパワーアシストし、下り坂では使用者の動きに合わせて減速する。
- GPS・インターネットを利用した見守り機能により、家族は使用者の歩行経路や現在位置を確認でき、異常を感知すると自動的に緊急通知する。

(イ) 2013年度より開始されたロボット介護機器事業においては、ロボット介護機器は、利用者がロボット介護機器を操作し使いこなすという考え方ではなく、ロボットがロボット単体で介護を行うことで、より効率的な介護を可能とする機器であるとする考え方に基づいている。

(ウ) マッピング型のロボットクリーナーのなかには、超音波センサーにより鏡面や黒色、透明な障害物も検知して衝突を回避したり、赤外線センサーにより壁面までの距離を検知し、壁に沿って走行したりする製品もある。

(エ) 要介護者の離床・排泄・睡眠状況などを見守り、それらの情報をスマートフォンに集約することで介護現場の自立支援・重度化防止の取り組みをサポートするシステムが実用化されている。例えば、おむつに装着したセンサーで排泄を検知し、タイムリーにおむつ交換が行える。さらに、蓄積されたデータにより排泄リズムを把握し、適切なタイミングでトイレ誘導を行い、自立支援を促進することができる。

(オ) 一般的に、ランダム型のロボットクリーナーは、掃除完了後や電池残量が少なくなると、記憶している充電台からの走行経路をもとに、自動的に最短距離で充電台に戻る機能を有している。なかには、本体のカメラにより充電台を画像認識して戻る製品もある。

【組み合わせ】

① (ア)と(ウ)　② (イ)と(ア)
③ (ウ)と(エ)　④ (オ)と(イ)

正解 ④

解説

（ア）【○】この機器は、問題文に挙げた機能以外にも以下の機能を有する。
- 傾いた道でもハンドルを取られることなく安定して進める。
- 速度超過を検知すると、自動的に減速し転倒を防止する。
- 音声で休憩の提案をする。

（イ）【×】この事業では、ロボット介護機器は、ロボットがロボット単体で介護を行うという考え方ではなく、利用者がロボット介護機器を操作し使いこなすことで、より効果的な介護を可能とする機器であるとする考え方に基づいている。

（ウ）【○】マッピング型のロボットクリーナーのなかには、レーザーセンサーなどを用いたSLAM技術により自己位置推定と地図作成を同時に行うとともに、（問題文に挙げたような）超音波センサーや赤外線センサーを用いて収集した情報に基づいて走行する製品もある。

（エ）【○】このシステムでは、マットの下にシートセンサーを置いて利用者の心拍・呼吸・睡眠の深さを測定・把握することにより、栄養や運動量をコントロールし、昼夜逆転などの重症化リスクを軽減することもできる。

（オ）【×】一般的に、ランダム型のロボットクリーナーは、赤外線センサーで充電台を探して戻るのであって、充電台からの走行経路を記憶しているわけではない。また、本体にカメラを搭載しているのは、マッピング型である。

(ア)～(オ)の説明文は、家庭用エアコン（以下「エアコン」という）および関連する事項やスマートハウスにおける空調に関わるサービスなどについて述べたものである。
説明の内容が正しいものは①を、誤っているものは②を選択しなさい。

（ア） 枕元に設置した温湿度センサーと連携し、睡眠の経過時間に合わせて、身体が心地よく感じる温度に自動制御するエアコンがある。この製品は、以下により天気や外気温などの影響で変わってしまう寝室の暑さ・寒さを毎日好みの温度に調整できる。

- 眠り始めは低めの温度で運転し、起床前から起床に向けて徐々に温度を上げる。
- 起床後に、夜眠っている間の体感と朝起きたときの体感をフィードバックする。

（イ） エアコンの低温暖房能力とは、外気温度０℃、室内温度 15℃時の暖房能力を表している。寒冷地で使用する場合は、低温暖房能力の値が大きい製品を選ぶとよい。

（ウ） AI やクラウドを活用することにより、エアコン運転時の室温の変化や設定温度までの到達時間などから冷えやすさ・暖まりやすさといった「部屋の性能」を学習するエアコンがある。この製品は、リモコンの操作情報から外出あるいは帰宅の時間、および起床時間、就寝時間といった「生活パターン」を学習して、効率のよい運転ができる。

（エ） フロン排出抑制法では、家庭用機器で相当量のフロン類が使用されているすべての製品を政令で指定製品に指定しており、家庭用エアコンは、目標年度において地球温暖化係数が目標値（750）を下回らないことが製造事業者等に義務づけられている。

（オ） 通年エネルギー消費効率（APF）は、次式で求められる。この値が大きいほど省エネ性が高い。１年間に必要な冷暖房能力の総和とは、期間消費電力量と同じ基準で算出した理論計算値である。

$$\mathrm{APF} = \frac{\text{機種ごとの期間消費電力量（kWh）}}{\text{１年間に必要な冷暖房能力総和（kWh）}}$$

正解　（ア）①　（イ）②　（ウ）①　（エ）②　（オ）②

解説

（ア）【○】眠り始めは低めの温度で運転するのは、深部体温の低下を促すためであり、起床に向けて徐々に温度を上げていくのは、深部体温の上昇を促すためである。

（イ）【×】エアコンの低温暖房能力とは、外気温度2℃、室内温度20℃時の暖房能力を表している。寒冷地で使用する場合は、低温暖房能力の値が大きい製品を選ぶとよい。

（ウ）【○】AIやクラウドを活用した事例として、学習した外出時間に合わせて自動的に運転を緩め、外出前の冷やしすぎや暖めすぎを自動的に抑制することもできる。

（エ）【×】フロン排出抑制法では、家庭用機器で相当量のフロン類が使用されているもののうち、技術的に低GWP（Global Warming Potential）への転換が可能な製品を政令で指定製品に指定しており、家庭用エアコンは、目標年度において地球温暖化係数が目標値（750）を上回らないことが製造事業者等に義務づけられている。

（オ）【×】通年エネルギー消費効率（APF）を求める式の分母と分子が逆になっている。

$$\text{APF} = \frac{\text{1年間に必要な冷暖房能力総和（kWh）}}{\text{機種ごとの期間消費電力量（kWh）}}$$

（ア）～（オ）の説明文は、家庭用エアコン（以下「エアコン」という）、空気清浄機および関連する事項やスマートハウスにおける空調に関わるサービスなどについて述べたものである。
組み合わせ①～④のうち、説明の内容が誤っているものの組み合わせを1つ選択しなさい。

（ア）エアコンのカタログなどに記載されている省エネルギーラベルには、「省エネ性マーク」、「目標年度」、「省エネ基準達成率」、「通年エネルギー消費効率」が表示されている。

（イ）マイクロ波方式センサーと連動させることにより、離れて暮らす親の生活の見守りができるエアコンがある。この仕組みでは、上記センサーで検知した居住者の姿勢の変化や在室／不在などを（見守る側は）スマートフォンで確認し、状況に応じて（親側の）エアコンのON/OFF、温度設定などの操作ができる。ただし、このセンサーでは、人の脈拍・呼吸などのわずかな動きまでは検知できない。

（ウ）空気清浄機のなかには、クラウド連携により宅外からスマートフォンのアプリによって運転状態や室内の温度・湿度を確認し、ON/OFF操作、運転コースや風量、加湿などの設定を行えるものがある。また、このアプリによって室内のPM2.5やホコリの多さ、ニオイの強さなどを多段階のレベルで表示できる。

（エ）インバーターエアコンは、インバーターで圧縮機モーターのON/OFFを細かく調整し、室温を設定温度に保つようにするため、室温変化を小さく抑えることができる。室温が設定温度に近づくと圧縮機モーターがOFFになるため、一定速エアコンと比べ省エネ性にも優れている。

（オ）空気清浄機の集じんフィルターに使われているHEPAフィルターについて、JISでは「定格流量で粒径が0.3μmの粒子に対して99.97%以上の粒子捕集率を持つこと」などが求められている。

【組み合わせ】

① （ア）と（オ）
② （イ）と（エ）
③ （ウ）と（イ）
④ （エ）と（ア）

正解 ②

解説

（ア）【○】エアコンは、省エネルギーラベリング制度の対象機器になっており、カタログなどには省エネルギーラベルが掲載されている。省エネ基準達成率100％以上の製品にはグリーンの省エネ性マークを、100％未満の製品にはオレンジのマークを表示する。

（イ）【×】マイクロ波方式センサーは、暗い寝室の布団の中にいても（布団や衣服を透過して）人の脈拍・体動・呼吸などのわずかな動きを検知し、解析することができる。

（ウ）【○】空気清浄機のクラウド連携の事例として、例えば、居住地域の花粉やPM2.5、黄砂、温度・湿度などの空質に関する情報（予報）をクラウド上のAIが分析して自動的に風量を切り替えるものがある。

（エ）【×】インバーターエアコンは、インバーターで圧縮機モーターの回転数を細かく調整し、室温を設定温度に保つようにするため、室温変化を小さく抑えることができる。室温が設定温度に近づくと圧縮機モーターの回転数を下げるため、一定速エアコンと比べ省エネ性にも優れている。

（オ）【○】HEPAフィルターは、JISにおいて「定格流量で粒径が0.3 μmの粒子に対して99.97％以上の粒子捕集率を持ち、かつ初期圧力損失が245Pa以下の性能を持つエアフィルター」と規定されている。

（ア）～（オ）の説明文は、照明器具および関連する事項やスマートハウスにおける照明に関わるサービスなどについて述べたものである。説明の内容が正しいものは①を、誤っているものは②を選択しなさい。

（ア） 電球のソケットに取り付けるだけで人を検知して自動で点灯し、人を検知しなくなると一定時間後に消灯する人感センサー（赤外線センサー）内蔵の電球形LEDランプがある。この製品は、赤外線センサーの働きにより密閉型器具にも対応できる。

（イ） LED照明の構造的な分類として、砲弾型、表面実装型、チップオンボードがある。表面実装型、チップオンボードタイプのLEDでは、拡散パネルと組み合わせることで、発光部の輝点を目立たないようにするとともに広角度に光を出せるので、部屋全体を明るくする用途（シーリングライトなど）にも使われる。

（ウ） 住宅の壁に取り付ける配線器具（壁スイッチ）のなかには、取り外してリモコンとして使えたり、内蔵したセンサーに連動して照明をON/OFFしたりする機能を持つものがある。ただし、HEMSやスマートフォンと連携し、電気の使用状況に応じて自動で照度を調節する照明器具は開発段階である。

（エ） 白色LEDには、青色LEDと蛍光体の組み合わせで白色発光させる「シングルチップ方式」や赤・緑・青などのLEDを1つのパッケージに実装して白色発光させる「マルチチップ方式」などがある。一般的なLED照明では、マルチチップ方式が主流である。

（オ） 建築化照明とは、一室に複数の照明器具を分散設置し、生活シーンに応じて必要な照明器具を選択して点灯し、調光・調色することで、快適な住空間をつくり出すとともに省エネルギーも実現できる照明手法である。

正解　（ア）②　（イ）①　（ウ）②　（エ）②　（オ）②

解説

（ア）【×】この製品は、密閉型器具では赤外線センサーが人を検知しないため、使用できない。

（イ）【○】砲弾型は、前方（正面）への光が最も強く、正面から角度がずれると急激に低下する特性がある。この特性からスポットライトなどに多く利用されている。

（ウ）【×】HEMS やスマートフォンと連携し、電気の使用状況に応じて自動で照度を調節する照明器具は、（開発段階ではなく）既に販売されている。

（エ）【×】一般的な LED 照明では、（マルチチップ方式ではなく）シングルチップ方式が主流である。マルチチップ方式は、光を直接見せるディスプレイや大型映像装置などに使われている。

（オ）【×】一室に複数の照明器具を分散設置し、生活シーンに応じて必要な照明器具を選択して点灯する照明手法は、（建築化照明ではなく）多灯分散照明である。

(ア)～(オ)の説明文は、家庭用冷凍冷蔵庫(以下「冷蔵庫」という)および関連する事項やスマートハウスにおける関連サービスなどについて述べたものである。
組み合わせ①～④のうち、説明の内容が誤っているものの組み合わせを1つ選択しなさい。

(ア) 引き出し式の冷凍室は、凍った食品が保冷剤として作用するため、食品を詰めたほうがドアを開け閉めしたときの温度上昇を抑えることができる。

(イ) 冷蔵室内に設置したネットワークカメラにより、庫内を撮影した画像をクラウドに保存する機能を持つ冷蔵庫が販売されている。この製品では、アプリを用いて、庫内の食材の名称や個数、賞味期限を登録し管理することもできる。賞味期限前日の食材を事前通知するので、食品ロスも減らせる。

(ウ) 一般的にパーシャル室や氷温室、チルド室などと呼ばれている冷蔵庫内のチラー室には、食品の鮮度を保持するために以下のような工夫を施している製品がある。
- 室の気圧を上げて酸素量を減らすことにより、食品の酸化反応を抑制する。
- 氷点を少し上回る温度で食品を凍結させずに保存する。

(エ) 無線LAN経由で専用クラウドサービスに接続し、さまざまなサービスを音声・画面で提供する冷蔵庫が販売されている。例えば、離れて暮らす家族の冷蔵庫を登録すると、ドアの開閉状況により、その家族の安否をスマートフォンに通知する製品がある。

(オ) 冷蔵庫は、庫内を冷やすために冷凍サイクルという仕組みを利用している。冷凍サイクルは、下図に示すように圧縮機、蒸発器、毛細管、凝縮器などで構成され、冷媒は図中の矢印の向きに流れる。

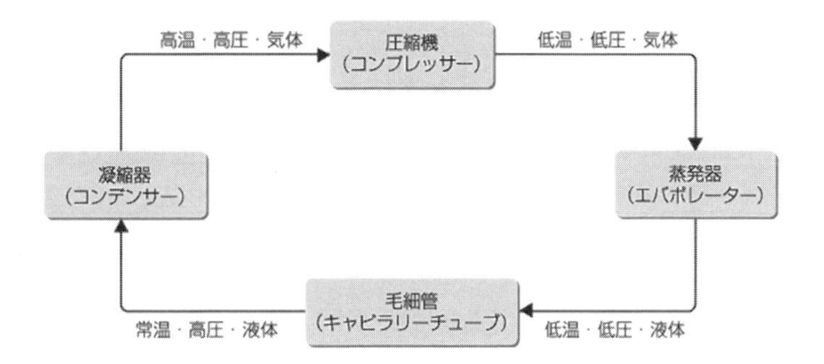

【組み合わせ】

① (ア)と(エ)　② (イ)と(オ)　③ (ウ)と(イ)　④ (オ)と(ウ)

正解 ④

解説

（ア）【○】冷蔵庫の省エネ対策として、ほかにも以下の使い方が挙げられる。
- ドアの開閉は、少なく、手早く。開閉が多いと冷気が逃げてむだになる。
- 熱いものは冷ましてから。熱いものを入れると、庫内温度が上昇し、周りの食品温度も上がる。

（イ）【○】この製品では、外出先からスマートフォンで画像を確認することで、食材の買い忘れや二重購入を防止するとともに、庫内の食材を確認しながら献立を考えることができる。

（ウ）【×】問題文中の「上げて」、「上回る」は誤りであり、以下が正しい。
- 室の気圧を下げて酸素量を減らすことにより食品の酸化反応を抑制する。
- 氷点を少し下回る温度で食品を凍結させずに保存する。

（エ）【○】問題文に挙げた事例のほかにも、郵便番号を登録しておくことで周辺スーパーの特売情報をタッチパネル上やスマートフォンに知らせるとともに、特売品を使ったメニューを提案する製品がある。

（オ）【×】冷凍サイクルにおいて、冷媒は図中の矢印の向きとは反対方向に流れる。

(ア)～(オ)の説明文は、スマートハウスなどで利用されるネットワークカメラおよび関連する事項について述べたものである。
説明の内容が正しいものは①を、誤っているものは②を選択しなさい。

(ア) ネットワークカメラは、防犯、監視、さらには高齢の家族や子どもの見守りなど、さまざまな用途に利用できる機器である。IP アドレスを機器自体に設定できるネットワークカメラは、家庭内 LAN などのネットワークに直接接続できるが、不正なアクセスによる映像の流出などの危険性を低くするため、接続方法は LAN ケーブルによる有線接続に限定されている。

(イ) LPWA（Low Power Wide Area）は、LAN ケーブルを利用して電力を供給する技術である。この技術を利用すると、例えば、高いところに設置されたネットワークカメラへ電源コードを引き回すことなく、LAN ケーブルだけで電力供給と画像データなどの伝送ができる。

(ウ) ネットワークカメラのなかには、カメラ部分を水平方向に回転させる Pan（パン）、垂直方向に回転させる Tilt（チルト）に加え、動く被写体を自動的に追跡して捉える Zoom（ズーム）機能を搭載しているものがある。このタイプのネットワークカメラは、これら３つの機能の頭文字をとって「PTZ 型ネットワークカメラ」と呼ばれる。

(エ) ネットワークカメラに搭載されているレンズの種類には、焦点距離が固定された単焦点レンズやバリフォーカルレンズなどがある。バリフォーカルレンズは、焦点距離を変化させて写す範囲（画角）を調整したあと、ピント合わせが必要なレンズである。

(オ) 集合住宅のなかには、顔認証機能を利用するセキュリティシステムを導入したマンションがある。マンションのエントランスに設置したネットワークカメラで撮影した人の顔の画像と、登録されている居住者の顔の画像とを照合して同一人物であることが認証された場合、エントランスのドアが自動で開くシステムはその一例である。

正解 （ア）② （イ）② （ウ）② （エ）① （オ）①

解説

（ア）【×】IP アドレスを機器自体に設定できるネットワークカメラは、家庭内 LAN などのネットワークに直接接続できるが、LAN ケーブルによる有線接続に限定されているのではなく、無線 LAN で接続できる機器もある。

（イ）【×】LAN ケーブルを利用して電力を供給する技術は、LPWA ではなく PoE（Power over Ethernet）である。LPWA は、IoT 機器や機器間接続に用いられる低消費電力で長距離通信が可能な無線通信方式の総称である。

（ウ）【×】「PTZ 型ネットワークカメラ」は、カメラ部分を水平方向に回転させる Pan（パン）、垂直方向に回転させる Tilt（チルト）、画角を調整できる Zoom（ズーム）機能を搭載しており、これら３つの機能の頭文字「PTZ」から名付けられている。動く被写体を自動的に追跡して捉えるのは、自動追尾機能である。

（エ）【○】ネットワークカメラのうち、ボックス型ネットワークカメラやドーム型ネットワークカメラには、一般的に単焦点レンズやバリフォーカルレンズが搭載されている。PTZ 型ネットワークカメラには、ズームレンズが搭載されている。バリフォーカルレンズは焦点距離を変化させて写す範囲（画角）を調整したあとピント合わせが必要なレンズであるが、ズームレンズは焦点距離を変化させて写す範囲（画角）を調整してもピントのずれが発生しないレンズである。

（オ）【○】顔認証機能を利用するセキュリティシステムを導入した集合住宅は、居住者の利便性向上とセキュリティ確保の両立が図られることで、その物件のセールスポイントとなっている。

（ア）～（オ）の説明文は、スマートハウスで利用されるテレビおよび関連する事項について述べたものである。
組み合わせ①～④のうち、説明の内容が誤っているものの組み合わせを1つ選択しなさい。

（ア） HDR（High Dynamic Range）は、映像の記録方法やテレビでの表示方法などを含め、映像の明るさの幅を拡大させる技術である。BS デジタル放送の 4K 放送では、HDR の方式として HDR10 やドルビービジョンが使用されている。

（イ） 8K テレビに搭載されるディスプレイパネルの画素数は、水平 7680 画素×垂直 4320 画素で、画面全体の画素数は、フルハイビジョン（2K）テレビに搭載されるディスプレイパネルの４倍である。

（ウ） 宅内で使用している家電製品の動作状況や、生活に役立つ情報などを、音声プッシュ通知サービスにより受けられるテレビが実用化されている。このサービスに対応するテレビとエアコンを連携させると、例えば、エアコンが設置されている離れた部屋の温度が高い場合に、「エアコンのある部屋が高温状態です」などとテレビが音声で知らせてくれる。

（エ） テレビに搭載される液晶ディスプレイの LED バックライトの配置方式の１つとして、直下配置型 LED バックライト方式がある。この方式を用いるテレビのなかには、LED の輝度を画面の明るい映像部分では高く、暗い映像部分では低く変化させ、コントラストをより大きくする機能を持ったものがある。

（オ） リモコンにマイクロホンを搭載し、音声により映像コンテンツなどを検索できるテレビが販売されている。これらのテレビのなかには、付属のリモコンの専用ボタンを押してマイクロホンに話しかけることで、インターネット配信されている映像コンテンツや、テレビ放送の番組などを検索できるものがある。

【組み合わせ】

① （ア）と（エ）
② （イ）と（ア）
③ （ウ）と（イ）
④ （エ）と（オ）

正解 ②

解説

（ア）【×】HDRの方式として、BSデジタル放送の4K放送（および8K放送）では、HDR10やドルビービジョンではなくHLG（Hybrid Log-Gamma）方式が用いられている。HDR映像にHDR10（およびHDR10+）やドルビービジョンの方式が使用されているのは、Ultra HD Blu-rayや4K映像コンテンツ配信である。

（イ）【×】フルハイビジョン（2K）テレビに搭載されるディスプレイパネルの画素数は、水平1920画素×垂直1080画素の約207万画素である。8Kテレビに搭載されるディスプレイパネルの画素数は、水平7680画素×垂直4320画素で、画面全体の画素数は、フルハイビジョン（2K）テレビに搭載されるディスプレイパネルの4倍ではなく16倍の約3318万画素である。

（ウ）【○】このサービスでは、問題文に挙げた事例のほかに、ごみ収集日の通知や天気予報、宅配便着荷予定の通知などがあり、必要な内容を選択して設定できる。このサービスに対応する機器として、エアコンの他に洗濯機やオーブンレンジ、炊飯器、冷蔵庫などが販売されている。

（エ）【○】直下配置型LEDバックライト方式を採用した液晶ディスプレイは、発光面を細かく分割し、表示される映像の明暗に合わせLEDの輝度をエリア制御することで、より大きなコントラストを実現している。近年さらにより細かなエリア制御を可能とするミニLEDを採用したテレビも販売されている。

（オ）【○】リモコンにマイクロホンを搭載し、音声により映像コンテンツやテレビ放送の番組などを検索できるテレビが販売されている。また、音声による番組検索に加え、音声でチャンネル切り替えや音量調整といった基本操作も可能なテレビもある。

（ア）～（オ）の説明文は、スマートハウスで利用されるテレビ放送や映像コンテンツに関連するサービスなどについて述べたものである。
説明の内容が正しいものは①を、誤っているものは②を選択しなさい。

（ア）「フレッツ・テレビ」は、地上デジタル放送の高周波信号などを光信号に変換し、FTTHを利用して伝送する方式の放送サービスである。地上デジタル放送を視聴する場合、セットトップボックスを使用せずに、映像用回線終端装置（V-ONU）から出力される高周波信号を、同軸ケーブルを使ってテレビの地上デジタル放送用のアンテナ端子に入力することで視聴できる。

（イ）Netflix や Amazon Prime Video などのインターネットを利用した動画配信サービスは、視聴する動画配信サービスの契約を行い、そのサービスに対応するテレビを使用することで視聴できる。視聴する動画配信サービスにテレビが対応していない場合には、そのサービスに対応するメディアストリーミング端末をテレビに接続することで視聴できる。

（ウ）ケーブルテレビにおける地上デジタル放送の伝送方式の1つとして、同一周波数パススルー方式がある。地上デジタル放送を受信できるテレビであれば、専用のセットトップボックスを使用することなく、この方式で再送信される地上デジタル放送を視聴できる。

（エ）現在、BS デジタル放送の左旋円偏波により、ハイビジョン放送と 4K 放送が行われている。また、BS デジタル放送の右旋円偏波により、4K 放送と 8K 放送が行われている。

（オ）現在、地上デジタル放送は、VHF の周波数帯を使用して放送が行われており、放送波の受信には、VHF アンテナが必要である。

正解 （ア）① （イ）① （ウ）① （エ）② （オ）②

解説

（ア）【○】「フレッツ・テレビ」では、新 4K8K 衛星放送の開始にあわせて BS デジタル放送の右旋円偏波による 4K 放送の再放送サービスを開始した。さらに、BS デジタル放送の左旋円偏波による 4K 放送と 8K 放送および 110 度 CS デジタル放送の左旋円偏波による 4K 放送の再放送サービスも行われている。

（イ）【○】インターネットを利用した動画配信サービスは、視聴する動画配信サービスの契約を行い、そのサービスに対応するテレビや、Chromecast with Google TV などのメディアストリーミング端末を接続したテレビで視聴できる。パソコンや専用アプリをインストールしたスマートフォンなどでも視聴が可能なサービスも多い。

（ウ）【○】ケーブルテレビにおける地上デジタル放送の伝送方式には、トランスモジュレーション方式とパススルー方式がある。さらに、パススルー方式の種類には、同一周波数パススルー方式と、周波数変換パススルー方式の2つがある。同一周波数パススルー方式の場合、地上デジタル放送を受信できるテレビであれば、専用のセットトップボックスを使用せずに、この方式で再送信される地上デジタル放送を視聴できる。

（エ）【×】現在、BS デジタル放送の左旋円偏波により、4K 放送と 8K 放送が行われている。また、BS デジタル放送の右旋円偏波により、ハイビジョン放送と 4K 放送が行われている。BS デジタル放送の左旋円偏波によるハイビジョン放送、および右旋円偏波による 8K 放送は行われていない。

（オ）【×】現在、地上デジタル放送は、VHF ではなく UHF の周波数帯を使用して放送が行われており、放送波の受信には、UHF アンテナが必要である。

（ア）～（オ）の説明文は、スマートフォンやスマートフォンを利用するサービスなどについて述べたものである。
組み合わせ①～④のうち、説明の内容が誤っているものの組み合わせを1つ選択しなさい。

（ア） 専用のアプリをインストールしたスマートフォンなどを使用して、HEMSコントローラーと連携する機器を遠隔操作できる仕組みが実用化されている。例えば、帰宅途中で、スマートフォンを使って「風呂の湯はりの開始」、「床暖房や照明をONする」、「電動窓シャッターを閉める」といった操作ができる。

（イ） 5G（第5世代移動通信システム）の特徴は、「超高速」、「超低遅延」、「多数同時接続」などである。これらの特徴を実現するため、4Gで使われている700MHz～900MHz帯や1.5GHz～3.5GHz帯よりも高い周波数のマイクロ波と呼ばれる11GHz～13GHz帯の電波が5Gで使用されている。

（ウ） 仮想移動体通信事業者であるMVNO（Mobile Virtual Network Operator）の通信サービスを利用するには、希望するMVNOと契約してSIMカードを入手する必要がある。このSIMカードは使用できるスマートフォンに制約がないので、どのスマートフォンでもこのSIMカードを装着すれば、契約したMVNOの通信サービスを利用できる。

（エ） スマートフォンは、一般的に4Gなどの通信方式に対応する機能のほかにも各種の通信機能を備えている。機器により、例えば、無線LAN、Wi-Fi Direct、Bluetooth やNFCなどの通信機能を備えているものがある。

（オ） 専用のアプリをインストールしたスマートフォンなどを使用して、家の中の機器を操作できるようにするサービスがある。このサービスでは、例えば、スマートフォンと専用の赤外線リモコンを使い、この赤外線リモコンに対応するエアコンや照明などの家電機器を遠隔操作できる。

【組み合わせ】

① （ア）と（イ）
② （イ）と（ウ）
③ （ウ）と（エ）
④ （エ）と（オ）

正解 ②

解説

（ア）【○】メーカーが指定するHEMS専用のアプリをインストールしたスマートフォンなどを使用して、住まいの中の無線LANや外出先からも通信回線などを通じてHEMSコントローラーやクラウドサーバーなどを介して各種のモニタリングや機器操作を遠隔操作できる仕組みが実用化されている。

（イ）【×】5Gの特徴は、「超高速」、「超低遅延」、「多数同時接続」などである。これらの特徴を実現するため、5Gの周波数帯として3.7GHz帯、4.5GHz帯、28GHz帯が割り当てられた。また、現在では、4Gで使用されている周波数帯を5Gで利用することも可能になっている。マイクロ波の11GHz～13GHz帯の電波は衛星放送などで使われているもので、5Gでは使用されていない。

（ウ）【×】MVNOの通信サービスは、どのスマートフォンでも利用できるものではない。周波数帯域や方式の違いによって、またSIMロック（通信事業者が限定）された状態のスマートフォンでは利用できない場合があるため、そのサービスに対応するスマートフォンを用意する必要がある。なお、希望するMVNOと契約しSIMカードを入手して利用する場合のほか、SIMカードではなくeSIMでの利用が可能なMVNOの通信サービスも登場している。

（エ）【○】スマートフォンに使われているOS（プラットホーム）は、AndroidとiOSが主流である。それぞれのOSに対応した各種のアプリをインストールして利用者が使いたい機能を簡単に追加することが可能で、スマートフォンの機能を利用者がカスタマイズできるのが特徴である。

（オ）【○】このサービスでは、問題文に挙げた事例のほかに、スマートフォンのGPS機能などと連動して、それらの家電機器を自動でON/OFFさせることなどもできる。

（ア）～（オ）の説明文は、スマートハウスで利用される通信技術やホームネットワークに関連する事項について述べたものである。
説明の内容が正しいものは①を、誤っているものは②を選択しなさい。

（ア）無線 LAN ルーターなどの無線 LAN アクセスポイントの識別名は、MAC アドレスと呼ばれている。パソコンなどの機器を無線 LAN アクセスポイントに接続する場合、ネットワークの設定画面などで識別名を選択することで、意図する無線 LAN アクセスポイントに接続できる。

（イ）IPv4 は、ネットワーク機器に割り当てる IP アドレスが 32bit で、ネットワーク機器に対して約 43 億個の IP アドレスを割り当てることが可能な規格である。さらに、ネットワーク機器が増加する環境においても、十分な数の IP アドレスを使用できるようにするために、IPv6 の規格では IP アドレスが 128bit に拡張され、約 43 億の 4 乗個の IP アドレスを割り当てることが可能になった。

（ウ）無線 LAN 規格の IEEE802.11ac では、通信に 2.4GHz の周波数帯が使用されている。そのため、この規格による無線 LAN を利用しているときは、近くにある電子レンジや 2.4GHz 帯を使用するデジタルコードレス電話機などの影響を受けて、通信速度が低下してしまう場合がある。

（エ）Bluetooth 機器同士の接続（ペアリング）の際に使用されている NFC（Near Field Communication）は、13.56MHz の周波数を利用する通信距離 10cm 程度の近距離無線通信技術である。機器同士を「かざす」ように近づけたり、タッチしたりすることでデータ通信を行うことができる。

（オ）Wi-SUN（Wireless Smart Utility Network）とは、Wi-SUN アライアンスが IEEE802.15.4g の規格をベースにして作成している各種の無線通信規格・仕様の総称であり、1.9GHz の周波数帯で使用される。

正解 （ア）② （イ）① （ウ）② （エ）① （オ）②

解説

（ア）【×】無線LANルーターなどの無線LANアクセスポイントの識別名は、MACアドレスではなく、SSID（Service Set Identifier）と呼ばれている。MACアドレスとは、通信やネットワーク上でネットワーク機器を識別するために物理的に割り当てられた識別番号で、機器の製造段階で付与されるものである。

（イ）【○】IPv4は、ネットワーク機器に対して約43億個のIPアドレスを割り当てることが可能な規格である。コンピューターのネットワークに留まらず、家電製品にもIPアドレスを付与するためには、すでに使用数が限界となってきている。更なるIPアドレスを使用できるようにするために、IPv6の規格では約43億の4乗個のIPアドレスを割り当てることが可能になった。

（ウ）【×】無線LAN規格のIEEE802.11acでは、通信に2.4GHzではなく、5GHzの周波数帯が使用されている。2.4GHz帯を使用する電子レンジやデジタルコードレス電話機の近くであっても、一般的に通信速度の低下は起きない。

（エ）【○】NFC（Near Field Communication）は、機器同士を「かざす」ように近づけたり、タッチしたりすることでデータ通信を行うことができる。「おサイフケータイ」や交通系ICカードなどのFeliCaと同様の技術に基づいている。

（オ）【×】Wi-SUNが使用している周波数帯は、1.9GHzではなく、920MHzである。920MHz帯は、無線局免許が不要であり、Sigfox、LoRaWAN、Wi-Fi HaLow（IEEE802.11ah）等の多くのLPWA通信で使用されている。

（ア）～（オ）の説明文は、言葉づかいの例について述べたものである。
説明の内容が正しいものは①を、誤っているものは②を選択しなさい。

（ア）　尊称は相手のことを呼ぶ際に敬意を示すために用いられ、尊敬語の固有名詞版ということができる。お客様の息子のことを「ご子息」、お客様の父親のことを「ご老父」などと呼ぶのは尊称の例である。

（イ）　相手の名前や組織名称のあとにつけ敬意を示す言葉として「敬称」がある。例えば「各位」は個人ではなく複数の人を対象にした場合に使われる敬称であり、「経営企画部各位様」、「事務局各位殿」のように使う。

（ウ）　尊敬語は、相手やその人側の物、動作、状態などの位置づけを高めて表現するときの敬語である。「いらっしゃる」は「いる」、「行く」、「来る」など複数の言葉の尊敬語として使われる。

（エ）　「ご覧になられる」は、「ご覧になる」という尊敬語に「られる」という尊敬語を重ねた二重敬語である。正しい用法は「ご覧になる」である。

（オ）　丁寧語とは、そのまま伝えてしまうときつい印象や不快感を与えるおそれがあることを、やわらかく伝えるために前置きとして添える言葉である。「恐れ入りますが」などは、依頼するときの丁寧語である。

正解 （ア）② （イ）② （ウ）① （エ）① （オ）②

解説

（ア）【×】「老父」は尊称ではなく謙称であるため誤り。正しくは「お父様」などである。

（イ）【×】各位はそれ自体が敬称であるため、様や殿を付けることは誤った使い方である。正しくは、「経営企画部各位」、「事務局各位」のように使う。

（ウ）【○】敬語には、尊敬語以外に「謙譲語」、「丁寧語」がある。不適切な敬語の使い方をするとビジネスパーソンとして信頼を失いかねないので、日頃から正しく使うための訓練が必要である。

（エ）【○】二重敬語は、使っても必ずしも相手が不快に感じるとは限らないが、まわりくどい印象を与えてしまうため正しい用法を心がける必要がある。

（オ）【×】問題文はクッション言葉についての説明である。丁寧語とは「お」や「ご」などの接頭語をつけたり、「です」や「ます」をつけたりすることで、丁寧な表現をすることにより相手への敬意を表す敬語である。

（ア）～（オ）の説明文は、CS（顧客満足）について述べたものである。組み合わせ①～④のうち、説明の内容が正しいものの組み合わせを1つ選択しなさい。

（ア）接客時における商品説明のポイントは「訴求点を分かりやすく専門用語を使用して説明する」、「過去モデルや競合商品との比較はしない」、「視認性の高い説明ツールを使用する」などである。

（イ）バリアフリーは、主に障がい者や高齢者を対象に、障壁（バリア）を取り除くことを目的としている。それに対して、ユニバーサルデザインは、個人差や年齢、性別、国籍の違いなどにかかわらず、すべての人たちができるだけ使いやすいようにすることを目指しているという点が、バリアフリーとの相違である。

（ウ）修理の際に、たとえ経年劣化による製品事故の発生が懸念されるような古い製品であっても、お客様にとって愛着がある場合も多く、買い替えの提案は厳に慎まねばならない。

（エ）お客様に対して、販売店がホームドクターのように販売、据付工事、修理などの各種サービスをまとめて提供することを「ワン・トゥ・ワンマーケティング」という。

（オ）PDCA サイクルとは、Plan（計画）・Do（実行）・Check（評価）・Act（改善）を繰り返すことによって、業務を継続的に改善していく手法のことである。

【組み合わせ】

① （ア）と（オ）
② （イ）と（オ）
③ （ウ）と（ア）
④ （エ）と（イ）

正解　②

解説

（ア）【×】商品説明では専門用語や業界用語は極力使用しないほうがよい。また、過去モデルや競合商品との比較は、商品選択の材料を提供するという観点から行ってもよい。

（イ）【○】バリアフリーは、バリアに対処するとの考え方であるのに対し、ユニバーサルデザインは、最初からすべての人にとって使いやすいようにデザインするという考え方である。

（ウ）【×】むやみな買い替えの提案は慎まねばならないが、経年劣化による製品事故の発生が懸念されるような場合には、事故事例などを説明し安全面から買い替えを案内するとよい。

（エ）【×】問題文はワンストップサービスに関する記述であり、誤りである。「ワン・トゥ・ワンマーケティング」とは、お客様 1 人ひとりの嗜好やニーズ、購買履歴などに合わせて、個別に展開する活動のことである。

（オ）【○】PDCA はサイクルであるがゆえに終わりがない。最後の Act が終了して改善した時点をまた新たなベースラインとして、よりよい解決策を探し続けることが肝要である。

(ア)～(オ)の説明文は、省エネ法およびスマートハウスで使用する家電製品のリサイクルと安全に関連した法規や制度について述べたものである。
説明の内容が正しいものは①を、誤っているものは②を選択しなさい。

(ア) 長期使用製品安全表示制度では、経年劣化による重大事故の発生件数が多い電気冷蔵庫、布団乾燥機などの５品目を対象に、製造または輸入事業者に対して、「取り扱いに関する注意喚起」の項目を製品の見やすい位置に表示することを義務づけている。

(イ) 消費生活用製品安全法の対象となる「消費生活用製品」とは、一般消費者の生活の用に供される製品をいう。ただし、船舶、食品、自動車、医薬品など他の法令で個別に安全規制を受ける製品は除外されている。

(ウ) 廃棄物処理法は、排出者（消費者および事業者)、製造業者、地方公共団体の三者が、定められた責務あるいは義務を果たし、協力して特定家庭用機器の再商品化等を進めることを基本的な考え方としている。

(エ) 電気用品安全法では、対象電気用品の製造事業者等は経済産業局等への届出、技術基準への適合、出荷前の最終検査記録の作成と保存、適合性検査（特定電気用品のみ）などの義務を履行しなければならないとされている。これらの義務を履行したときには、それを示すPSEマークを対象電気用品に付すことができる。

(オ) 従来の工業標準化法は、2019年の法改正により、法律名が産業標準化法に改められた。ここで規定されるJASマーク表示制度は、国に登録された機関から認証を受けた事業者が、認証を受けた製品またはその包装などにJASマークを表示できる制度である。

正解 （ア）②　（イ）①　（ウ）②　（エ）①　（オ）②

解説

（ア）【×】長期使用製品安全表示制度は、経年劣化による重大事故の発生件数が多い5品目（扇風機、エアコン、換気扇、洗濯機（乾燥機能付きは除く）、ブラウン管式テレビ）を対象に、製造または輸入事業者に対し、「経年劣化に関する注意喚起」の項目を製品の見やすい位置に表示することを義務づけている。電気冷蔵庫や布団乾燥機は対象ではなく、「取り扱いに関する注意喚起」も誤りである。

（イ）【○】家電製品は消費生活用製品安全法の規制対象である。ただし、特定製品（消費者の生命・身体に対して特に危害を及ぼすおそれが多いと認められるもの）には指定されていない。

（ウ）【×】問題文は家電リサイクル法についての誤り文である。廃棄物処理法は、廃棄物の排出を抑制しつつ、発生した廃棄物をリサイクル等の適正な処理を行うことで、人々の生活環境を守ることを目的にした法律である。また家電リサイクル法は、排出者、小売業者、製造事業者等、国、地方公共団体、すべての者が定められた責務あるいは義務を果たす。

（エ）【○】PSE マークには、特定電気用品を示すものと特定電気用品以外の電気用品を示すものの２種類のマークがある。

（オ）【×】問題文は JAS マークではなく JIS マークに関するものである。JAS マークは日本農林規格等に関する法律（JAS 法）に基づき、食品・農林水産品やこれらの取扱い方法などについての規格を満たしていることを証するマークである。

（ア）～（オ）の説明文は、「独占禁止法」および「景品表示法」などについて述べたものである。
組み合わせ①～④のうち、説明の内容が誤っているものの組み合わせを１つ選択しなさい。

（ア）家電業界の小売業表示規約では、自店販売価格と他の価格を比較する二重価格表示を行う場合には、自店平常（旧）価格とメーカー希望小売価格以外の価格を比較することが禁止されている。また、住宅設備ルート向け製品に付されたメーカー希望小売価格を比較対照価格として用いることも認められていない。

（イ）独占禁止法では、一般消費者に対して、実際のものよりも取り引きの相手方に著しく優良または有利であると誤認される表示を禁止している。例えば、「この技術は日本で当社だけ」と表示しているが、実際には競争事業者でも同じ技術を使っていた場合などは、有利誤認表示に該当する。

（ウ）2021 年２月に施行されたデジタルプラットフォーム取引透明化法では、特定デジタルプラットフォーム提供者として指定された事業者に対し、取り引き条件等の情報の開示、運営における公正性確保、運営状況の報告を義務づけ、評価・評価結果の公表などの必要な措置を講じている。

（エ）景品表示法は、納入業者による自主的かつ合理的な業務の遂行を阻害するおそれのある行為の制限および禁止について定めることにより、納入業者の利益を保護することを目的としている。規制内容は「過大な景品類の提供の禁止」と「不公正な取引方法の禁止」の２つである。

（オ）2020 年に施行された改正独占禁止法における課徴金制度は、事業者と公正取引委員会が協力して独占禁止法違反行為を排除し、複雑化する経済環境に応じた適切な課徴金を賦課できるというものである。これにより、違反行為に対する抑止力の向上が期待されている。

【組み合わせ】

① （ア）と（オ）
② （イ）と（エ）
③ （ウ）と（イ）
④ （エ）と（ウ）

正解 ②

解説

（ア）【○】小売業表示規約は、不当な顧客の誘引を防止し、一般消費者による自主的かつ合理的な選択および事業者間の公正な競争秩序を確保することを目的として、小売業者が販売に際する表示に関する事項を規定している。

（イ）【×】問題文は独占禁止法ではなく、景品表示法に関する記述である。また、技術に関する不当表示は有利誤認表示ではなく、優良誤認表示である。景品表示法では、一般消費者に対して、実際のものよりも取り引きの相手方に著しく優良または有利であると示す表示を禁止している。例えば、「この技術は日本で当社だけ」と表示しているが、実際には競争事業者でも同じ技術を使っていた場合などは、優良誤認表示に該当する。

（ウ）【○】「特定デジタルプラットフォーム提供者」として指定された事業者は、2023年2月現在、総合物販オンラインモールの運営事業者としてアマゾンジャパン合同会社、楽天グループ株式会社、ヤフー株式会社がある。また、アプリストアの運営事業者はApple Inc.およびiTunes株式会社、Google LLCである。

（エ）【×】「不公正な取引方法の禁止」は景品表示法ではなく、独占禁止法の規制内容である。景品表示法は、一般消費者による自主的かつ合理的な選択を阻害するおそれのある行為の制限および禁止について定めることにより、一般消費者の利益を保護することを目的としている。景品表示法の規制内容は「過大な景品類の提供の禁止」と「不当な表示の禁止」の2つである。

（オ）【○】独占禁止法における課徴金制度は、導入された当初は「不当な取引制限」のみを対象にしていたが、現在では、「私的独占」および「不公正な取引方法」のうちの「共同の取引拒絶」、「差別対価」、「不当廉売」、「再販売価格の拘束」、「優越的地位の濫用」にまで拡大されている。

（ア）～（オ）の説明文は、ヘルスケア機器およびヘルスケアや見守りなどのサービスに関連する事項について述べたものである。
組み合わせ①～④のうち、説明の内容が誤っているものの組み合わせを1つ選択しなさい。

（ア） HEMSにつながる家庭内の電気機器の使用状況を把握することにより、家族の在宅や外出・帰宅、就寝などの状況を見守る側に知らせるサービスがある。このサービスでは、家族の見守りだけでなく、例えば「洗濯機や炊飯器の運転開始忘れ」をスマートフォンにプッシュ配信してくれる。ただし、「冷蔵庫やエコキュートの長時間運転停止」などのトラブル状態は検知できない。

（イ） 経済産業省、厚生労働省および総務省は、民間PHR（Personal Health Record）事業者におけるルールを検討し、以下を目指した取り組みを進めている。

- 国民・患者が自らの保健医療情報を適切に管理・取得できるインフラの整備
- 保健医療情報を適切かつ効果的に活用できる環境の整備
- 質の高い保健医療を実現するための保健医療情報の活用

（ウ） 警備会社の提供する見守りサービスのなかには、急病時に、リストバンド型ウェアラブル端末の救急ボタンを押す、あるいはペンダント型の救急ボタンを軽く握るだけで自動的に警備会社に信号を送信し、緊急対処員が駆けつけるものがある。

（エ） スマートウォッチによる血圧測定は、一般的な血圧計で行われる加圧による測定ではなく、心拍数や血流などの測定を組み合わせて推定する方式が主流である。なお、スマートウォッチのなかにはSpO2（血中酸素飽和度）や体温を計測できるものもある。

（オ） 給湯器のリモコンから無線LAN機能でインターネットに接続し、スマートフォンの専用アプリで入浴時の安全見守りを行えるサービスが実用化されている。このサービスでは、センサーで浴室への入退室を検知し、浴室温度が低くヒートショックのおそれがある場合は専用アプリで通知するが、浴槽への入退浴までは検知できない。

【組み合わせ】

① （ア）と（ウ）　② （イ）と（オ）　③ （ウ）と（エ）　④ （オ）と（ア）

正解 ④

解説

（ア）【×】このサービスでは、問題文に挙げた事例のほかに、「洗濯機や炊飯器の運転開始忘れ」、「冷蔵庫やエコキュートの長時間運転停止状態」などを検知し、スマートフォンにプッシュ配信してくれる。

（イ）【○】経済産業省、厚生労働省および総務省は、適切に民間 PHR サービスを利活用されるための民間 PHR 事業者におけるルールを検討し、「民間 PHR 事業者による健診等情報の取扱いに関する基本的指針」および「民間利活用作業班報告書」を取りまとめている。

（ウ）【○】リストバンド型ウェアラブル端末を装着することにより、スマートフォンにインストールした専用アプリで日々の睡眠、食事、歩行（歩数と運動強度）などの状態をチェックでき、健康管理のアドバイスも受けられる。

（エ）【○】血圧計には上腕に巻きつけて測定するスタンダードなタイプだけでなく、腕を通して上腕で測定するタイプ、手首に巻きつけて測定するタイプに加え、常時手首に装着できる腕時計サイズのウェアラブルタイプ（スマートウォッチ）も販売されている。

（オ）【×】このサービスでは、浴室への入退室を検知するだけでなく、浴槽への入退浴を人感センサーで検知し、アプリに入浴時間を表示する。

（ア）～（オ）の説明文は、スマートハウスでの活用が期待されるロボット機器およびその活用などについて述べたものである。
組み合わせ①～④のうち、説明の内容が誤っているものの組み合わせを１つ選択しなさい。

（ア） 要介護者の離床・排泄・睡眠状況などを見守り、それらの情報をスマートフォンに集約することで介護現場の自立支援・重度化防止の取り組みをサポートするシステムが実用化されている。例えば、カメラで居室の映像を確認し、訪室すべきかどうかを判断できるとともに、転倒・転落を未然に防いで重度化リスクを回避できる。

（イ） モバイル型ロボットのなかには、メール、アプリ、カメラ、音声認識・顔認識などの機能を備え、音声対話で操作できるものがある。HEMS 連携が可能なタイプは、例えば、雷注意報が発令されると、生活パターンに応じて停電時に必要な電力量だけを蓄電池に自動的に充電する。また、発令時、解除時に知らせてくれる。

（ウ） 2013 年度より開始されたロボット介護機器事業は、機器の開発・導入の支援を行い、被介護者の自立支援や介護者の負担軽減の実現による「ロボット介護機器の新たな市場創出」を目指して進められてきた。この事業の目的は、人による介護にロボットをうまく融合させせることでより良いケアを実現させることである。

（エ） 厚生労働省では、ロボットとは「情報を感知（センサー系）」、「判断し（知能・制御系）」、「動作する（駆動系）」、「学習する（記憶系）」という４つの要素技術を有する“知能化した機械システム”と定義している。４つの要素を満たし、かつ、利用者の自立支援や介護者の負担軽減に役立つ介護機器を介護ロボットと呼んでいる。

（オ） ランダム型のロボットクリーナーは、超音波センサーや赤外線センサーを用いたSLAM（Simultaneous Localization and Mapping）技術により、室内を移動しながら自己位置を認識するとともに、部屋の大きさや形、家具の配置などの情報を収集し、AI で分析して最適な走行経路を決定する。

【組み合わせ】

① （ア）と（エ）　　② （イ）と（オ）
③ （ウ）と（ア）　　④ （エ）と（オ）

正解 ④

解説

（ア）【○】このシステムでは、ベッドのキャスターに設置した荷重センサーで利用者のベッド上の位置・体動・姿勢や生活リズムを把握することにより、起き上がりや端坐位などの予兆行動を検知し、早いタイミングでアラートを発報することもできる。

（イ）【○】HEMS 連携が可能なタイプは、規格に対応した家電や住設機器を音声対話で操作できる。例えば、エアコンの運転やエコキュートによる風呂の湯はり、電動窓シャッターの開閉なども行える。

（ウ）【○】この事業では、「ロボット介護機器は、ロボットがロボット単体で介護を行うという考え方ではなく、利用者がロボット介護機器を操作し使いこなすことで、より効果的な介護を可能とする機器である」とする考え方に基づいている。

（エ）【×】厚生労働省では、ロボットとは「情報を感知（センサー系）」、「判断し（知能・制御系）」、「動作する（駆動系）」という3つの要素技術を有する“知能化した機械システム”と定義している。3つの要素を満たし、かつ、利用者の自立支援や介護者の負担軽減に役立つ介護機器を介護ロボットと呼んでいる。

（オ）【×】マッピング型のロボットクリーナーは、レーザーセンサーやカメラセンサーを用いた SLAM 技術により、室内を移動しながら自己位置を認識するとともに、部屋の大きさや形、家具の配置などの情報を収集し、AI で分析して最適な走行経路を決定する。

（ア）～（オ）の説明文は、家庭用エアコン（以下「エアコン」という）および関連する事項やスマートハウスにおける空調に関わるサービスなどについて述べたものである。
説明の内容が正しいものは①を、誤っているものは②を選択しなさい。

（ア） 給気換気と排気換気を自動的に切り替えるモードを搭載したエアコンがある。この製品は、以下により冷房運転を効率的に立ち上げることができる。

- 冷房開始時に室温が外気温より高い場合は、冷房と排気換気を同時に行い、室内にこもった熱を屋外に排出する。
- 室温が外気温より低くなると、給気換気に切り替えて屋外の新鮮な空気を冷やして室内に送る。

（イ） 弱冷房除湿方式とは、室内機の熱交換器を再熱器と冷却器に分け、再熱器では室外に放出する熱の一部を利用して空気を暖め、冷却器では空気を冷やして除湿し、温かい空気と冷たい空気を混合して適温の乾いた空気を吹き出す方式である。

（ウ） カタログなどに記載されているフロンラベルには、オゾン層破壊係数について定められた目標を達成すべき「目標年度」、「省エネ基準達成率」、「通年エネルギー消費効率」などが表示されている。

（エ） AIやクラウドを活用するエアコンのなかには、室温が設定範囲から外れた場合やエアコンの人感センサーに反応があった場合などに、スマートフォンに通知する「見守り機能」を持つ製品がある。これにより、外出先から、宅内の高齢者や子ども、ペットなどに配慮して室温を管理できる。

（オ） エアコン設置時には、室外機、室内機の吸い込み口および吹き出し口の付近に十分なスペースを確保する必要がある。また、寒冷地や降雪・積雪地で室外機を設置する場合には、必要に応じて防雪フードや高置き台などを使用するとよい。

正解 （ア）① （イ）② （ウ）② （エ）① （オ）①

解説

（ア）【○】エアコンは、冷房運転や除湿運転の際、室内機の熱交換器が結露する。結露によるカビの発生を防ぐため、冷房運転や除湿運転の停止後は、結露水を乾燥させる内部クリーン運転を行う。従来、内部クリーン運転では、結露水が気化して室内に放出され、室内の湿度が上がることがあった。この製品では、内部クリーン運転時に自動的に排気換気とし、気化した水分を機内の換気ホースから屋外に放出することで、運転停止後の湿度戻りを軽減し、室内の湿度上昇を抑えることができる。

（イ）【×】問題文は、弱冷房除湿方式ではなく、再熱除湿方式の説明である。弱冷房除湿方式とは、送風量と冷房能力をマイコンでコントロールすることにより除湿を行う方式である。

（ウ）【×】カタログなどに記載されているフロンラベルには、地球温暖化係数（GWP）について定められた目標を達成すべき「目標年度」、「目標の達成度」、「使用ガスの地球温暖化係数」などが表示されている。

（エ）【○】AI やクラウドを活用した事例として、スマートフォンの運転履歴画面で、エアコンの運転内容と合わせて室温変化や電力量を一目で比較できたり、その月のエアコンの電気代が一定額を超えたことを知らせたりする製品もある。

（オ）【○】エアコン設置時の注意事項として、問題文に挙げた内容のほかに、「電源プラグは必ずエアコン専用の回路に直接接続する」、「アース工事を行う」、「漏電ブレーカーを取り付ける」などがある。

（ア）～（オ）の説明文は、家庭用エアコン（以下「エアコン」という）、空気清浄機および関連する事項やスマートハウスにおける空調に関わるサービスなどについて述べたものである。
組み合わせ①～④のうち、説明の内容が誤っているものの組み合わせを1つ選択しなさい。

（ア）　マイクロ波方式センサーと連動させることにより、離れて暮らす親の生活の見守りができるエアコンがある。このセンサーは、暗い寝室の布団の中にいても布団や衣服を透過して、人の脈拍・体動・呼吸などのわずかな動きを検知するので、見守る側は状況を確認しつつスマートフォンでエアコンのON/OFFや温度設定などの操作ができる。

（イ）　エアコンを取り付ける際には、電気の契約種別・容量や電源プラグの形状などをあらかじめ確認しておく必要がある。例えば、単相200V 15Aの場合の電源プラグ形状はエルバー形、単相200V 20Aの場合はタンデム形が適合する。

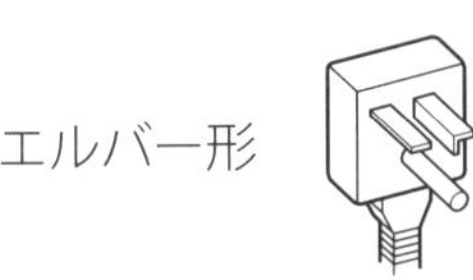

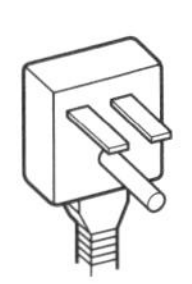

（ウ）　一般的に、加湿空気清浄機の加湿方式は、水を含ませた加湿フィルターに取り込んだ空気を通過させ、加湿エアとして送り出す「スチームファン式」である。加湿フィルターは雑菌やカビが繁殖しやすいので、抗菌剤を塗布したフィルターを使用したり、水そのものを除菌する除菌装置を備えたりしているものもある。

（エ）　空気清浄機は、空気中に含まれる有害物質や常に発生し続けるニオイなどをすべて除去できるわけではない。また、0.1 μm未満の微小粒子状物質についても、除去の確認ができていないため、メーカー各社は、カタログなどでその旨を説明している。

（オ）　クラウド連携によりエアコンと加湿空気清浄機を連動運転させて、快適な空気環境をつくるものがある。例えば、毎日寝る前に「おやすみ運転」を選んでいると、その時間を学習して自動で運転モードが切り替わったり、寝室の照明を消すと空気清浄機のセンサーが感知し、エアコンと空気清浄機をおやすみモードに切り替えたりする。

【組み合わせ】

① （ア）と（イ）　② （イ）と（ウ）　③ （ウ）と（オ）　④ （エ）と（オ）

正解 ②

解説

（ア）【○】マイクロ波方式センサーは、発射したマイクロ波の反射波を受信し、発射した周波数と受信した周波数の差から動体を検出するドップラー効果を利用している。

（イ）【×】問題文は、電源プラグ形状と電流上限値の関係が逆になっている。単相 200V 15A の場合の電源プラグ形状はタンデム形、単相 200V 20A の場合はエルバー形が適合する。

（ウ）【×】一般的に、加湿空気清浄機の加湿方式は、水を含ませた加湿フィルターに取り込んだ空気を通過させ、加湿エアとして送り出す「気化式」であり、「スチームファン式」ではない。

（エ）【○】カタログなどの統一表示として、「たばこの有害物質（一酸化炭素など）は除去できません。常時発生し続けるニオイ成分（建材臭・ペット臭など）はすべて除去できるわけではありません」などと記載されている。

（オ）【○】例えば、冬場は加湿空気清浄機で加湿しながらエアコンで暖房を行うことで、空気の乾燥を防ぐとともに、設定温度は低めでも体感温度を上げることもできる。

（ア）～（オ）の説明文は、照明器具および関連する事項やスマートハウスにおける照明に関わるサービスなどについて述べたものである。説明の内容が正しいものは①を、誤っているものは②を選択しなさい。

（ア）　ダウンライトが取り付けられている天井に断熱材が敷き詰めてある場合、器具内の温度が上がってLEDランプの発光効率は高くなるが、その分、寿命は短くなる。ダウンライトの枠や反射板にSマークが付いている場合は、密閉型器具対応のLEDランプを使用する必要がある。

（イ）　環形LEDランプは、既存の蛍光灯照明器具の口金形状や製品サイズと合っていれば、その器具を利用して効率的にランプを入れ替えることが奨励されている。ただし、経験的に、蛍光灯照明器具は使用年数が10年を過ぎると、故障率が急に高まることが知られており、この点に注意する必要がある。

（ウ）　多機能型LEDシーリングライトを活用した高齢者見守りサービスの事例として、例えば、以下のサービスなどを提供するものがある。

- シーリングライトに搭載された人感センサーや照明操作の履歴を基に、一定時間記録がない場合に異常通知を行う。
- 異常を検知した場合、音声による呼びかけと録音で状況確認を行う。
- 反応がない場合は、入居者本人に録音記録を添付した安否確認メールを送付する。

（エ）　LEDとは発光ダイオードと呼ばれる半導体のことであり、特殊な構造を持つ物質に電気エネルギーを与えることで物質が発熱し、その熱により光が発生するという原理の光源である。LEDでは、電気エネルギーの約95%が光エネルギーに変換される。

（オ）　LEDランプには、JISで高機能タイプとして規定されているものがある。高機能タイプの電球形LEDランプには、「平均演色評価数Raが50以上であること」、「高機能タイプであることが容易に識別できるよう製品または包装に表示すること」などが求められている。

正解 (ア) ② (イ) ② (ウ) ① (エ) ② (オ) ②

解説

(ア) 【×】ダウンライトが取り付けられている天井に断熱材が敷き詰めてある場合、器具内の温度が上がってLEDランプの発光効率は低下し、寿命は短くなる。ダウンライトの枠や反射板にSマークが付いている場合は、断熱材施工器具対応のLEDランプを使用する必要がある。問題文において「発光効率は高くなる」、「密閉型器具対応」が誤りである。

(イ) 【×】既存の蛍光灯照明器具をそのまま利用できることをうたった環形LEDランプは販売されているが、蛍光灯照明器具との組み合わせが不適切な場合、発煙や火災の原因となる可能性がある。そのため、「口金形状や製品サイズと合っていれば、その器具を利用して効率的にランプを入れ替えることが奨励されている」というのは誤りである。

(ウ) 【○】問題文の事例は、LEDシーリングライトを活用した高齢者見守りサービスであり、異常検知後に本人への呼びかけや安否確認メールを送付することができる。それでも安否確認ができない場合は、離れて暮らす家族やマンション管理会社等に通報し、駆けつけなどの連携を促すこともできる。

(エ) 【×】LEDとは、半導体に与えた電気エネルギーが直接光に変わるという原理の光源である。LEDでは、電気エネルギーの約30%が光エネルギーに変換され、残り約70%は熱エネルギーに変換される（損失となる）。

(オ) 【×】高機能タイプの電球形LEDランプに求められる平均演色評価数Raは「80以上」である。

（ア）～（オ）の説明文は、家庭用冷凍冷蔵庫（以下「冷蔵庫」という）および関連する事項やスマートハウスにおける関連サービスなどについて述べたものである。
組み合わせ①～④のうち、説明の内容が誤っているものの組み合わせを1つ選択しなさい。

（ア）　冷蔵庫本体上部に設置したカメラにより、冷蔵室のドアを開けた際に自動で冷蔵室の棚と左右ドアポケットを撮影し、撮影した画像を専用アプリで表示する製品が販売されている。この機能を使って買い物中に冷蔵室の中身をスマートフォンでチェックすることで、食材の買い忘れや二重購入を減らすことができる。

（イ）　運転中の冷却器には、庫内の空気や食品から奪われた水分が霜となって付着する。付着した霜は冷気を遮断し冷却効率が悪くなるため、定期的に霜を取り除く必要がある。家庭用冷蔵庫では、冷却器に取り付けられたヒーターに通電して霜を溶かす方式が主流である。

（ウ）　物質は固体から液体や気体に、あるいは液体から気体にその状態が変化するときに周囲に熱を放出する性質を持っている。固体から気体への変化を融解といい、液体から気体への変化を蒸発という。

（エ）　無線LAN経由で専用クラウドサービスに接続し、他のIoT機器と連携してさまざまなサービスを提供する冷蔵庫が販売されている。例えば、冷蔵庫から電子レンジに調理メニューを自動送信したり、洗濯が終わったことや洗濯機がエラーで停止したことを知らせたりする冷蔵庫がある。

（オ）　冷蔵庫の冷却方式のうち、直冷式は、冷却器で冷やされた空気を強制的に循環させ冷却する方式であり、間接冷却方式は、冷蔵室、冷凍室にそれぞれ独立した冷却器を設けて熱伝導と自然対流により冷却する方式である。現在は、より冷却効率の高い直冷式が主流である。

【組み合わせ】

① （ア）と（オ）
② （イ）と（ウ）
③ （ウ）と（オ）
④ （エ）と（イ）

正解 ③

解説

（ア）【〇】問題文は、庫外に設置したカメラを用いて庫内を撮影する事例であるが、冷蔵室のドアに設置したカメラで庫内の食材を撮影し、スマートフォンで確認できるようにした冷蔵庫もある。

（イ）【〇】冷却器に取り付けられたヒーターに通電して霜を溶かす方式では、圧縮機の運転時間を積算し一定時間に達すると霜取り運転に切り替わる。冷却器の表面温度をセンサーで監視しており、その温度が設定温度に到達すると霜取りを終了する。

（ウ）【×】物質は固体から液体や気体に、あるいは液体から気体にその状態が変化するときに周りから熱を奪う性質を持っている。固体から気体への変化を昇華といい、液体から気体への変化を蒸発という。

（エ）【〇】この製品は、ほかにも以下のような機能を有する。
- 冷蔵庫に近づくと人感センサーが感知して、家族からのメッセージを届けてくれる。
- AI スピーカーと連携し、リビングやダイニングからでも冷蔵庫と献立相談ができる。

（オ）【×】直冷式は、冷蔵室、冷凍室にそれぞれ独立した冷却器を設けて熱伝導と自然対流により冷却する方式であり、間接冷却方式は、冷却器で冷やされた空気を強制的に循環させ冷却する方式である。現在は、間接冷却方式が主流である。問題文は、直冷式と間接冷却方式の説明が逆になっている。

（ア）～（オ）の説明文は、スマートハウスなどで利用されるネットワークカメラおよび関連する事項について述べたものである。
説明の内容が正しいものは①を、誤っているものは②を選択しなさい。

（ア）ネットワークカメラは、レンズや撮像素子、マイクロプロセッサー、半導体メモリーなどを主要部品とする機器である。動画の圧縮方式には、MPEG-4 AVC/H.264 や MPEG-H HEVC/H.265（HEVC）などが用いられている。

（イ）ネットワークカメラは、防犯、監視、さらには高齢の家族や子どもの見守りなどに利用できる機器である。IP アドレスを機器自体に設定できるネットワークカメラは、撮影された映像の伝送や保存を行ったり、機器をコントロールしたりするため、パソコンを経由して家庭内 LAN などのネットワークに接続しなければならない。

（ウ）ネットワークカメラに搭載されているレンズの種類には、焦点距離が固定された単焦点レンズやバリフォーカルレンズなどがある。バリフォーカルレンズは、焦点距離を変化させて写す範囲（画角）を調整したあと、ピント合わせが必要なレンズである。

（エ）ネットワークカメラで撮影した人の顔の画像と、事前に登録した人物の顔の画像とを照合し２つの顔が一致し居住者として認証を行う顔認証機能を利用するセキュリティシステムが実用化されている。一例として、このシステムを導入し、エントランスのドアのセキュリティ解除に利用しているマンションがある。

（オ）PLC（Power Line Communication）は、無線 LAN の電波を利用してワイヤレス電力伝送を行う技術である。この技術を利用すると、例えば、高いところに設置されたネットワークカメラへ電源コードや LAN ケーブルを引き回すことなく、無線 LAN の電波を利用して電力供給と画像データなどの伝送ができる。

正解 （ア）① （イ）② （ウ）① （エ）① （オ）②

解説

（ア）【○】静止画の圧縮方式やファイル形式には JPEG、動画の記録や圧縮方式には、Motion JPEG、MPEG-4 AVC/H.264 や MPEG-H HEVC/H.265（HEVC）などが用いられている。

（イ）【×】IP アドレスを機器自体に設定できるネットワークカメラは、パソコンを経由せずに家庭内 LAN などのネットワークに直接接続できる。

（ウ）【○】ネットワークカメラのうち、ボックス型ネットワークカメラやドーム型ネットワークカメラには、一般的に単焦点レンズやバリフォーカルレンズが搭載されている。PTZ 型ネットワークカメラには、ズームレンズが搭載されている。バリフォーカルレンズは焦点距離を変化させて写す範囲（画角）を調整したあとピント合わせが必要なレンズであるが、ズームレンズは焦点距離を変化させて写す範囲（画角）を調整してもピントのずれが発生しないレンズである。

（エ）【○】顔認証機能を利用するセキュリティシステムを導入した集合住宅は、居住者の利便性向上とセキュリティ確保の両立が図られることで、その物件のセールスポイントとなっている。

（オ）【×】PLC は、無線 LAN の電波を利用してワイヤレス電力伝送を行う技術ではなく、家庭内などに敷設された電力線を使い双方向通信を行うネットワークのことである。無線 LAN の電波を利用してネットワークカメラにワイヤレス電力伝送を行う技術は実用化されていない。

(ア)～(オ)の説明文は、スマートハウスで利用されるテレビおよび関連する事項について述べたものである。
組み合わせ①～④のうち、説明の内容が誤っているものの組み合わせを1つ選択しなさい。

(ア) 4K テレビに搭載されるディスプレイパネルの画素数は、水平 3840 画素×垂直 2160 画素で、画面全体の画素数は、フルハイビジョン（2K）テレビに搭載されるディスプレイパネルの2倍である。

(イ) 4K テレビの最適視聴距離は、一般的に画面の高さの約 1.5 倍の距離といわれている。これは、4K テレビに搭載されたディスプレイの画素が目立たない最短の距離で、この距離の場合、水平視野角が約 60 度になり、広い視野で画面に映し出される映像を見ることができる。

(ウ) HDR（High Dynamic Range）は、映像の記録方法やテレビでの表示方法などを含め、映像の明るさの幅を拡大させる技術である。BS デジタル放送の 4K 放送では、HDR の方式として HDR10 やドルビービジョンが使用されている。

(エ) 宅内で使用している家電製品の動作状況や、生活に役立つ情報などを、音声プッシュ通知サービスにより受けられるテレビが実用化されている。このサービスに対応するテレビのメニュー画面で通知内容を設定すると、例えば、ゴミ収集日に「今日は燃えるゴミの日です」などとテレビが音声で知らせてくれる。

(オ) 使用目的に応じてアプリをダウンロードし、機能をカスタマイズできるテレビが販売されている。これらのアプリには、各種の映像コンテンツの視聴や音楽の再生、ゲームや料理のレシピの検索ができるものなどがある。

【組み合わせ】

① （ア）と（イ）
② （イ）と（オ）
③ （ウ）と（ア）
④ （エ）と（ウ）

正解 ③

解説

（ア）【×】フルハイビジョン（2K）テレビに搭載されるディスプレイパネルの画素数は、水平 1920 画素×垂直 1080 画素の約 207 万画素である。4K テレビに搭載されるディスプレイパネルの画素数は、水平 3840 画素×垂直 2160 画素の約 829 万画素で、画面全体の画素数は、フルハイビジョン（2K）テレビに搭載されるディスプレイパネルの２倍ではなく、４倍である。

（イ）【○】テレビを見る最適な視聴距離と角画素密度には、密接な関係がある。角画素密度は、人がテレビを見るときの眼球の視角１度あたりの画素数を示している。テレビの画素が気になるか、ならないかの境界値（しきい値）は、一般的に角画素密度が視角１度あたり 60 画素といわれている。この角画素密度が 60 画素となる視聴距離を 55V 型のテレビにあてはめると、4K テレビの場合は視聴距離が約 1m になる。これは、画面の高さの約 1.5 倍の距離で、視野角（水平視野角）が約 60 度である。

（ウ）【×】HDR の方式として、BS デジタル放送の 4K 放送（および 8K 放送）では、HDR10 やドルビービジョンではなく、HLG (Hybrid Log-Gamma) 方式が用いられている。HDR 映像に HDR10（および HDR10＋）やドルビービジョンの方式が使用されているのは、Ultra HD Blu-ray や 4K 映像コンテンツ配信である。

（エ）【○】このサービスでは、問題文に挙げた事例のほかに、天気予報や宅配便着荷予定の通知などがあり、必要な内容を選択して設定できる。このサービスに対応する機器として、エアコンや洗濯機、オーブンレンジ、炊飯器、冷蔵庫などが販売されている。

（オ）【○】問題文に挙げたとおり、使用目的に応じてアプリをダウンロードし、機能をカスタマイズできるテレビが販売されている。なお、この機能が搭載されていないテレビで動画配信サービスなどを楽しみたい場合、各社から販売されているメディアストリーミング端末を利用する方法がある。

（ア）～（オ）の説明文は、スマートハウスで利用されるテレビ放送や映像コンテンツに関連するサービスなどについて述べたものである。
説明の内容が正しいものは①を、誤っているものは②を選択しなさい。

（ア）　インターネットを利用してテレビ放送の番組を配信するサービスが行われている。スマートフォンやタブレットなどの機器でこれらのサービスを利用すると、例えば、NHK や民放テレビ局が配信する同時配信番組や見逃し配信番組を視聴できる。

（イ）　現在、BS デジタル放送の右旋円偏波により、ハイビジョン放送と 4K 放送が行われている。また、110 度 CS デジタル放送の右旋円偏波により、4K 放送が行われている。

（ウ）　ケーブルテレビにおける地上デジタル放送の伝送方式には、トランスモジュレーション方式とパススルー方式がある。さらに、パススルー方式の種類には、同一周波数パススルー方式と、周波数変換パススルー方式の２つがある。

（エ）　Netflix や Amazon Prime Video などのインターネットを利用した動画配信サービスは、いずれのテレビでもテレビ単体では視聴できない。そのため、これらの動画配信サービスの視聴には、視聴する動画配信サービスとの契約に加え、そのサービスに対応する Chromecast with Google TV などのメディアストリーミング端末をテレビに接続して使用する必要がある。

（オ）　現在行われている BS デジタル放送の左旋円偏波による 4K 放送、および BS デジタル放送の右旋円偏波による 8K 放送をすべて視聴するためには、一般的に、受信に用いるアンテナとして、右左旋円偏波に対応した BS・110 度 CS アンテナを使用する必要がある。

正解 （ア）① （イ）② （ウ）① （エ）② （オ）②

解説

（ア）【〇】インターネットを利用してテレビ放送の番組を配信するサービスとして、NHK は NHK プラスや NHK オンデマンド、民放テレビ局は TVer という名称でサービスが行われている。

（イ）【×】現在、BS デジタル放送の右旋円偏波により、ハイビジョン放送と 4K 放送が行われている。110 度 CS デジタル放送の 4K 放送は、右旋円偏波ではなく、左旋円偏波により放送が行われている。

（ウ）【〇】ケーブルテレビにおける地上デジタル放送の伝送方式には、トランスモジュレーション方式とパススルー方式がある。さらに、パススルー方式の種類には、同一周波数パススルー方式と、周波数変換パススルー方式の 2 つがある。ケーブルテレビ局ごとに、それぞれ伝送方式が決められているため、視聴に必要な機器を確認する必要がある。

（エ）【×】インターネットを利用した動画配信サービスは、テレビ単体で視聴できないことはなく、テレビ単体で視聴できるものが販売されている。単体で視聴できないテレビの場合には、視聴する動画配信サービスとの契約に加え、そのサービスに対応する Chromecast with Google TV などのメディアストリーミング端末をテレビに接続して使用する必要がある。

（オ）【×】現在、BS デジタル放送の 8K 放送は右旋円偏波ではなく、左旋円偏波で行われている。BS デジタル放送の左旋円偏波による 4K 放送、および BS デジタル放送の左旋円偏波による 8K 放送をすべて視聴するためには、一般的に、受信に用いるアンテナとして、右左旋円偏波に対応した BS・110 度 CS アンテナを使用する必要がある。

(ア)～(オ)の説明文は、スマートフォンやスマートフォンを利用するサービスなどについて述べたものである。
組み合わせ①～④のうち、説明の内容が誤っているものの組み合わせを1つ選択しなさい。

（ア） 5G（第5世代移動通信システム）の特徴は、「超高速」、「超低遅延」、「多数同時接続」などである。これらの特徴を実現するため、5Gで使用する周波数帯として28GHz帯、3.7GHz帯などが割り当てられている。

（イ） 一般的に、ローカル5Gとは、地域や産業の個別のニーズに応じて地域の企業や自治体などのさまざまな主体が、自らの建物内や敷地内などで、スポット的に柔軟に構築して利用できる第5世代移動通信システムのことをいう。

（ウ） 専用のアプリをインストールしたスマートフォンなどを使用して、外出先から来客対応できたり、自宅の様子をモニタリングできたりする仕組みが実用化されている。例えば、専用のテレビドアホンを設置してシステムを構成することで、外出先からスマートフォンを使って来客対応ができる。

（エ） 仮想移動体通信事業者であるMVNO（Mobile Virtual Network Operator）の通信サービスを利用するには、希望するMVNOと契約してSIMカードを入手する必要がある。この場合、特定の通信事業者に限定された状態でないSIMフリーのスマートフォンであれば、どの機種でもこのSIMカードを装着して、契約したMVNOの通信サービスを利用できる。

（オ） LTE-Advancedは、LTEと技術的に互換性を保ちながら通信の高速化を実現する方式である。LTE-Advancedの通信の高速化のために使われているVoLTEは、異なる複数の周波数帯をまとめて同時に使用する技術である。

【組み合わせ】

① （ア）と（オ）
② （イ）と（エ）
③ （ウ）と（イ）
④ （エ）と（オ）

正解 ④

解説

（ア）【○】5Gで使用する周波数帯として28GHz帯、3.7GHz帯、4.5GHz帯の電波が当初割り当てられた。さらに現在では、4Gで使用されている周波数帯を5Gで利用することも可能になっている。

（イ）【○】ローカル5Gの利用例として、集合住宅へのインターネット接続サービスでローカル5Gの利用がある。集合住宅にローカル5Gを利用することにより、各戸へ有線配線する必要がなくなるため、配線工事が不要となり、各戸では高速のインターネットの利用ができるというメリットがある。

（ウ）【○】問題文に挙げた事例のほかに、設置した人感センサーが動きを検知した際にスマートフォンへ通知するようにしておくことで、例えば離れたところに住む両親が変わりなく生活していることを知るような使い方もできる。

（エ）【×】MVNOの通信サービスは、特定の通信事業者に限定された状態でないSIMフリーのスマートフォンであっても、周波数帯域や方式の違いにより利用できない場合があるので注意が必要である。なお、希望するMVNOと契約し、SIMカードを入手して利用する場合のほか、SIMカードではなくeSIMでの利用が可能なMVNOの通信サービスも登場している。

（オ）【×】LTE-Advancedの通信の高速化のため、異なる複数の周波数帯をまとめて同時に使用する技術は、VoLTE（Voice over LTE）ではなく、キャリアアグリゲーションである。VoLTEは、LTEを利用して通話を高音質化する技術である。

（ア）～（オ）の説明文は、スマートハウスで利用される通信技術やホームネットワークに関連する事項について述べたものである。
説明の内容が正しいものは①を、誤っているものは②を選択しなさい。

（ア） 家庭内LANなどで利用されるルーターは、インターネットと家庭内LANなど、異なるネットワーク同士の相互接続などに使用される機器である。また、ルーターがLANケーブルで接続されたパソコンなどのネットワーク機器に対し、自動的にIPアドレスを割り当てる機能をPPPoEサーバー機能という。

（イ） 「Wi-Fi 4」や「Wi-Fi 5」、「Wi-Fi 6」は、無線LAN機器などが、どの無線LAN規格に対応するのかを分かりやすくするための名称である。例えば、機器に「Wi-Fi 6」と表示されている場合は、対応している最新の無線LANの規格がIEEE802.11axであることを表している。

（ウ） 無線LAN規格のIEEE802.11acでは、通信に2.4GHzの周波数帯が使用されている。また、IEEE802.11acの最大伝送速度（規格値）は約6.93Gbpsで、IEEE802.11aに比べて高速である。

（エ） マンションなどの集合住宅でFTTHを利用する場合、各住戸に光回線を引き込む光配線方式以外に、ADSL方式などがある。ADSL方式は、外部から集合住宅のADSL集合装置まで光ケーブルを使用し、その先の各住戸への配線に電話回線（メタルケーブル）を使用する方式である。

（オ） Ethernet（IEEE802.3）は、IoT機器や機器間接続のM2M（Machine to Machine）に適した低消費電力で長距離通信が可能な無線通信方式の総称である。Ethernetの通信の方式として、SigfoxやNB-IoTなどがある。

正解 （ア）② （イ）① （ウ）② （エ）② （オ）②

解説

（ア）【×】家庭内LANなどで利用されるルーターがLANケーブルで接続されたパソコンなどのネットワーク機器に対し、自動的にIPアドレスを割り当てる機能は、PPPoEサーバー機能ではなく、DHCPサーバー機能という。PPPoE（Point to Point Protocol over Ethernet）は、EthernetでPPP機能を利用するためのプロトコルで、一般的に、ユーザー名とパスワードでインターネットサービスプロバイダーに接続認証するときに利用される。

（イ）【○】例えば、機器に「Wi-Fi 6」と表示されている場合は、対応している最新の無線LANの規格がIEEE802.11axであることを表している。2.4GHz帯と5GHz帯の2つの周波数帯を使い分けて使用することができる。

（ウ）【×】無線LAN規格のIEEE802.11acでは、通信に2.4GHzではなく、5GHzの周波数帯が使用されている。IEEE802.11aの最大伝送速度（規格値）は約54Mbpsで、新規格ほど最大伝送速度が速くなり、より高速化されている。

（エ）【×】マンションなどの集合住宅でFTTHを利用する場合、各住戸に光回線を引き込む光配線方式以外にある方式は、ADSL方式などではなく、VDSL方式などである。VDSL方式は、外部から集合住宅のVDSL集合装置まで光ケーブルを使用し、その先の各住戸への配線に電話回線（メタルケーブル）を使用する方式である。

（オ）【×】Ethernet（IEEE802.3）は、有線LAN方式の技術規格である。LPWA（Low Power Wide Area）が、IoT機器や機器間接続のM2Mに適した低消費電力で長距離通信が可能な無線通信方式の総称である。LPWAの通信の方式として、Sigfox、LoRaWAN、Wi-SUNなどがある。

次は、言葉づかいの例について述べたものである。
（ア）～（オ）について、敬語の使い方など、言葉づかいとして2つとも適切であるものは①を、どちらか一方または2つとも不適切であるものは②を選択しなさい。

（ア）　・御社の田中部長がお越しになられました。
・応接間は、畳敷きとフローリングのどちらになさいますか。

（イ）　・お名前をちょうだいできますか。
・少々お待ちください。在庫を確認して参ります。

（ウ）　・弊社の山本はあいにく休みをとっております。
・こちらの商品は 11,000 円でございます。

（エ）　・契約書をご拝読ください。
・２階の売り場にてお尋ねください。

（オ）　・またお目にかかれることを楽しみにしております。
・こちらにご住所をご記入いただけますか。

正解 （ア）② （イ）② （ウ）① （エ）② （オ）①

解説

（ア）【×】「お越しになられました」は二重敬語で不適切である。適切なのは「お越しになりました」などである。

（イ）【×】「ちょうだいできますか」は名刺をもらう時であり、名前は「うかがってもよろしいでしょうか」が適切である。

（ウ）【○】「あいにく」はクッション言葉と称され、正しい用法である。「こちらは 11,000 円になります」と耳にすることがあるが、これはサービス業界で用いられがちな特徴的な言葉づかい（通称「バイト敬語」、「ファミコン言葉」などと呼ばれる）で、聞いた人が違和感を覚えることがあるため、注意を要する。

（エ）【×】「拝読する」は、尊敬語を使うべきところで謙譲語を使ってしまった不適切な例である。「お読みください」などが正しい。

（オ）【○】「お目にかかれる」は「会うことができる」の意味で、「会う」の謙譲語「お目にかかる」と可能の意味が込められた助動詞「れる」とを組み合わせた適切な用法である。二重敬語ではない。
「ご記入いただけますか」は「記入してもらえますか」の意味で、「～してもらう」の謙譲語「お（ご）～いただく」で「ご記入いただく」、可能形にして「ご記入いただける」、丁寧語の“ます”の疑問形「ますか」で、「ご記入いただけますか」の敬語が完成する。

（ア）～（オ）の説明文は、CS（顧客満足）について述べたものである。組み合わせ①～④のうち、説明の内容が正しいものの組み合わせを１つ選択しなさい。

（ア）修理の際に、たとえ経年劣化による製品事故の発生が懸念されるような古い製品であっても、お客様にとって愛着がある場合も多く、買い替えの提案は厳に慎まねばならない。

（イ）サービス・プロフィット・チェーンとは、顧客満足（CS）がサービス水準を高め、それが従業員満足を高めることにつながり、最終的には企業利益を高めるとしており、それによって高めた利益だけが顧客満足を向上させるための財源になるという好循環を生み出すフレームワークのことである。

（ウ）現在普及しているCS活動は、具体的なモラルやマナーをマニュアル化することで、おもてなしサービスを習得できるという学習ツールであり、ビジネスにおいて不可欠なものとなっている。

（エ）キャッシュレス決済は、店舗におけるレジでの支払いがスピーディーになり、店内や輸送時の現金の紛失や盗難を防ぐといった安全面でのメリットが期待できる。さらには、新型コロナウイルス感染症の流行を受け、現金の手渡しという利用者と従業員との接触の場面を少なくするという観点からも注目されている。

（オ）従来、高齢者のICT（Information and Communication Technology）利用はあまり進んでいなかったが、今後はSNS（ソーシャル・ネットワーキング・サービス）などの利用も多く見込まれることから、ICTを利用した高齢者向けの販売促進活動が重要になると考えられる。

【組み合わせ】

① （ア）と（オ）
② （イ）と（エ）
③ （ウ）と（ア）
④ （エ）と（オ）

正解　④

解説

（ア）【×】むやみな買い替えの提案は慎まねばならないが、経年劣化による製品事故の発生が懸念されるような場合には、事故事例などを説明し安全面から買い替えを案内するとよい。

（イ）【×】問題文は循環の順番に誤りがある。正しくは、従業員満足がサービス水準を高め、それが顧客満足を高めることにつながり、最終的に企業利益を高めるとし、その高めた利益で従業員満足を向上させるという好循環を示すものである。

（ウ）【×】問題文の「具体的なモラルやマナーをマニュアル化することで、おもてなしサービスを習得できるという学習ツール」は誤りである。現在普及している CS 活動は、「具体的な指標を設定して具体的な行動を標準化することで、売上などの経営目標の達成を目指す、という経営ツール」としての性質を有している。また、おもてなしはマニュアル的に習得できるサービスだけでなく、心が加わった接客のことをいう。

（エ）【〇】キャッシュレス決済は、訪日外国人にとっても、わざわざ日本の通貨（円）を持ち歩く必要がなく、自国でキャッシュレス決済をするのと同様に買い物ができるといったことなど、事業者側、利用者側の双方に多くのメリットが見込まれる。

（オ）【〇】ICT の利活用に限らず、今後は高齢者だからという単純な区分けをせず、他社からの追随を許さぬ独創性のある高齢者向けビジネスを開発することが肝要である。

(ア)～(オ)の説明文は、省エネ法およびスマートハウスで使用する家電製品のリサイクルと安全に関連した法規や制度について述べたものである。
説明の内容が正しいものは①を、誤っているものは②を選択しなさい。

(ア) 電気用品安全法は、一般消費者の生活の用に供される消費生活用製品を対象に、一般消費者の生命または身体に対する危害の防止を図るため、特定保守製品の適切な保守を促進し、併せて製品事故に関する情報の収集および提供を行うことにより、一般消費者の利益を保護することを目的としている。

(イ) 家電製品などの不法投棄は、近隣への迷惑になることはもちろん、廃家電に含まれる有害物質による土壌汚染など環境にも大きな影響を与えるおそれがある。不法投棄は省エネ法によって固く禁じられており、廃棄物を不法に投棄した者には懲役もしくは罰金のどちらか片方が科される。

(ウ) 統一省エネラベルは、小売事業者が省エネ性能や省エネルギーラベル等を表示する制度である。対象機種としてエアコン、電気冷蔵庫、電気冷凍庫、テレビ、電気便座、照明器具などがある。

(エ) 従来の工業標準化法は、2019年の法改正により、法律名が産業標準化法に改められた。ここで規定されるJASマーク表示制度は、国に登録された機関から認証を受けた事業者が、認証を受けた製品またはその包装などにJASマークを表示できる制度である。

(オ) 消費生活用製品安全法の対象となる「消費生活用製品」とは、一般消費者の生活の用に供される製品をいう。ただし、船舶、食品、自動車、医薬品など他の法令で個別に安全規制を受ける製品は除外されている。

正解　（ア）②　（イ）②　（ウ）①　（エ）②　（オ）①

解説

（ア）【×】問題文は消費生活用製品安全法についての説明であり、誤りである。電気用品安全法は、電気用品の製造、販売などを規制するとともに、電気用品の安全性の確保につき民間事業者の自主的な活動を促進することにより、電気用品による危険および障害の発生を防止することを目的としている。

（イ）【×】家電製品などの不法投棄は、近隣への迷惑になることはもちろん、廃家電に含まれる有害物質による土壌汚染など環境にも大きな影響を与えるおそれがある。不法投棄は廃棄物処理法によって固く禁じられており、廃棄物を不法に投棄した者には懲役もしくは罰金、または懲役と罰金の両方が科される。

（ウ）【○】統一省エネラベルは、小売事業者が表示するものである一方、省エネルギーラベリング制度は、省エネ法で定められた省エネ性能の向上を促すための目標基準（トップランナー基準）を達成しているかどうかを製造業者等が表示するものである。

（エ）【×】問題文はJASマークではなくJISマークに関するものである。JASマークは日本農林規格等に関する法律（JAS法）に基づき、食品・農林水産品やこれらの取扱い方法などについての規格を満たしていることを証するマークである。

（オ）【○】家電製品は消費生活用製品安全法の規制対象である。ただし、特定製品（消費者の生命・身体に対して特に危害を及ぼすおそれが多いと認められるもの）には指定されていない。

（ア）～（オ）の説明文は、「独占禁止法」および「景品表示法」などについて述べたものである。
組み合わせ①～④のうち、説明の内容が誤っているものの組み合わせを１つ選択しなさい。

（ア） 家電業界の小売業表示規約では、自店販売価格と他の価格を比較する二重価格表示を行う場合には、自店平常（旧）価格やメーカー希望小売価格を比較することが禁止されている。ただし、住宅設備ルート向け製品に付されたメーカー希望小売価格を比較対照価格として用いることは認められている。

（イ） 景品表示法の「その他、誤認されるおそれのある表示」の１つに、「商品の原産国に関する不当な表示」がある。例えば、Ａ国製の商品にＢ国の国名、国旗、事業者名などを表示することにより、一般消費者が当該商品の原産国をＢ国と誤認するような場合には不当な表示となるおそれがある。

（ウ） 2021 年２月に施行されたデジタルプラットフォーム取引透明化法では、特定デジタルプラットフォーム提供者として指定された事業者に対し、取り引き条件等の情報の開示、運営における公正性確保、運営状況の報告を義務づけ、評価・評価結果の公表などの必要な措置を講じている。

（エ） 2020 年に施行された改正独占禁止法における課徴金制度は、事業者と公正取引委員会が協力して独占禁止法違反行為を排除し、複雑化する経済環境に応じた適切な課徴金を賦課できるというものである。これにより、違反行為に対する抑止力の向上が期待されている。

（オ） 景品表示法は、納入業者による自主的かつ合理的な業務の遂行を阻害するおそれのある行為の制限および禁止について定めることにより、納入業者の利益を保護することを目的としている。規制内容は「過大な景品類の提供の禁止」と「不当な取引制限の禁止」の２つである。

【組み合わせ】

① （ア）と（オ）
② （イ）と（ア）
③ （ウ）と（イ）
④ （エ）と（オ）

正解 ①

解説

（ア）【×】家電業界の小売業表示規約では、自店販売価格と他の価格を比較する二重価格表示を行う場合には、自店平常（旧）価格とメーカー希望小売価格以外の価格を比較することが禁止されている。また、住宅設備ルート向け製品に付されたメーカー希望小売価格を比較対照価格として用いることも認められていない。

（イ）【〇】景品表示法の「その他、誤認されるおそれのある表示」には、他にも「おとり広告に関する表示」がある。例えば、売り出しセールのチラシに「超特価商品10点限り！」と表示しているにもかかわらず、実際には表示した数より少ない数しか用意していない場合にはおとり広告に該当し、不当な表示とみなされる。

（ウ）【〇】「特定デジタルプラットフォーム提供者」として指定された事業者は、2023年２月現在、総合物販オンラインモールの運営事業者としてアマゾンジャパン合同会社、楽天グループ株式会社、ヤフー株式会社がある。また、アプリストアの運営事業者はApple Inc.およびiTunes株式会社、Google LLCである。

（エ）【〇】独占禁止法における課徴金制度は、導入された当初は「不当な取引制限」のみを対象にしていたが、現在では、「私的独占」および「不公正な取引方法」のうちの「共同の取引拒絶」、「差別対価」、「不当廉売」、「再販売価格の拘束」、「優越的地位の濫用」にまで拡大されている。

（オ）【×】「不当な取引制限の禁止」は景品表示法ではなく、独占禁止法の規制内容である。景品表示法は、一般消費者による自主的かつ合理的な選択を阻害するおそれのある行為の制限および禁止について定めることにより、一般消費者の利益を保護することを目的としている。景品表示法の規制内容は「過大な景品類の提供の禁止」と「不当な表示の禁止」の２つである。

解答

スマートハウスの基礎

スマートハウスを支える機器・技術の基礎

問題集1

問題	解答
問題1	(ア) ① (イ) ② (ウ) ⑩ (エ) ④ (オ) ⑧
問題2	③
問題3	③
問題4	(ア) ① (イ) ② (ウ) ① (エ) ① (オ) ②
問題5	(ア) ② (イ) ① (ウ) ① (エ) ② (オ) ①
問題6	(ア) ① (イ) ② (ウ) ① (エ) ① (オ) ①
問題7	(ア) ⑥ (イ) ① (ウ) ⑧ (エ) ③ (オ) ⑩
問題8	④
問題9	(ア) ① (イ) ① (ウ) ① (エ) ② (オ) ②
問題10	④
問題11	①
問題12	(ア) ② (イ) ① (ウ) ② (エ) ① (オ) ②
問題13	(ア) ① (イ) ① (ウ) ② (エ) ① (オ) ②
問題14	①
問題15	②

問題集2

問題	解答
問題1	(ア) ④ (イ) ⑦ (ウ) ⑩ (エ) ⑥ (オ) ⑨
問題2	①
問題3	④
問題4	(ア) ① (イ) ② (ウ) ① (エ) ① (オ) ②
問題5	(ア) ② (イ) ① (ウ) ① (エ) ① (オ) ②
問題6	(ア) ② (イ) ② (ウ) ① (エ) ① (オ) ①
問題7	(ア) ⑩ (イ) ⑥ (ウ) ⑦ (エ) ③ (オ) ④
問題8	②
問題9	(ア) ① (イ) ① (ウ) ② (エ) ① (オ) ①
問題10	④
問題11	④
問題12	(ア) ① (イ) ② (ウ) ② (エ) ② (オ) ①
問題13	(ア) ① (イ) ② (ウ) ① (エ) ① (オ) ②
問題14	④
問題15	②

解答

問題集1

問題1	③
問題2	④
問題3	(ア)① (イ)② (ウ)① (エ)② (オ)②
問題4	②
問題5	(ア)② (イ)① (ウ)② (エ)② (オ)②
問題6	④
問題7	(ア)② (イ)② (ウ)② (エ)① (オ)①
問題8	②
問題9	(ア)① (イ)① (ウ)① (エ)② (オ)②
問題10	②
問題11	(ア)② (イ)① (ウ)② (エ)① (オ)②
問題12	(ア)② (イ)② (ウ)① (エ)① (オ)②
問題13	②
問題14	(ア)② (イ)① (ウ)② (エ)① (オ)②
問題15	②

問題集2

問題1	④
問題2	④
問題3	(ア)① (イ)② (ウ)② (エ)① (オ)①
問題4	②
問題5	(ア)② (イ)② (ウ)① (エ)② (オ)②
問題6	③
問題7	(ア)① (イ)② (ウ)① (エ)① (オ)②
問題8	③
問題9	(ア)① (イ)② (ウ)① (エ)② (オ)②
問題10	④
問題11	(ア)② (イ)① (ウ)② (エ)② (オ)②
問題12	(ア)② (イ)② (ウ)① (エ)② (オ)①
問題13	④
問題14	(ア)② (イ)② (ウ)① (エ)② (オ)①
問題15	①

一般財団法人 家電製品協会
「スマートマスター資格」の認定試験について

一般財団法人 家電製品協会が資格を認定する「家電製品スマートマスター試験」は、次により実施いたします。

1．受験資格

特に制約はありません。

2．資格取得の要件

スマートマスター資格を取得するためには、後記４．の所定の試験を受験され、以下の２科目の試験に合格する必要があります。

①スマートハウスの基礎

②スマートハウスを支える機器・技術の基礎

3．資格の有効期限

資格の有効期限は５年です。

ただし、「資格更新」が可能です。所定の資格更新用教材を学習のうえ、「資格更新試験」に合格されますと、新たに５年間の資格を取得できます。

<有資格者のためのマイスタディ講座>

家電製品協会認定センターのホームページ上の「マイスタディ講座」では、資格を保有されている皆さまが継続的に新たな情報や知識を学習していただけるように、毎月、教材や情報を配信するなどの学習支援をしています。

4. 試験の実施概要

①実施時期

毎年、「3月」と「9月」に実施します。（詳しくは、下欄「家電製品協会認定センター」のホームページをご参照ください）

②会　　場

全国の主要都市にて実施します。

③受験申請

下欄「家電製品協会認定センター」のホームページにて、受験申請を受け付けます。

5. 試験科目免除制度（科目受験）

①受験の結果、（資格の取得にはいたらなかったものの）いずれかの科目に合格された場合、その合格実績は1年間（2回の試験）留保されます（再受験の際、その科目の試験は免除されます）。したがって、資格取得に必要な残りの科目に合格すれば、資格を取得できることになります。

②同協会が主催する家電製品アドバイザーおよび家電製品エンジニアの「総合資格」※を保有されている方については、試験科目のひとつである「スマートハウスを支える機器・技術の基礎」の試験を免除します（「スマートハウスの基礎」の科目試験に合格することで、資格を取得できます）。

※総合資格化されていない場合でも、AV情報家電と生活家電の両資格を保有している場合も上記同様に科目免除制度の対象となります。

以上の記述内容につきましては、下欄「家電製品協会認定センター」のホームページにて詳しく紹介していますので、併せてご参照ください。

一般財団法人 家電製品協会　認定センター

〒100−8939　東京都千代田区霞が関三丁目7番1号 霞が関東急ビル5階

TEL 03−6741−5609　FAX 03−3595−0761

ホームページURL　https://www.aeha.or.jp/nintei-center/

●装幀／本文デザイン：
稲葉克彦
●表紙イラスト：
稲葉克彦
●ＤＴＰ：
稲葉克彦
●編集協力：
秦 寛二

家電製品協会 認定資格シリーズ
スマートマスター資格
問題&解説集 2023年版

2023年5月25日 第1刷発行

編 者 一般財団法人 家電製品協会

発行者 土井成紀
発行所 NHK出版
〒150-0042 東京都渋谷区宇田川町10－3
TEL 0570-009-321（問い合わせ）
TEL 0570-000-321（注文）
ホームページ https://www.nhk-book.co.jp
印 刷 啓文堂／大熊整美堂
製 本 三森製本

ISBN978-4-14-072179-7 C2354